Das

Gas als Brennstoff

im

Dienste der Hauswirtschaft.

––––––––

Unter ausschliefslicher Bedachtnahme

auf die

neuesten und vorzüglichsten Gas-Koch- und Heiz-Vorrichtungen

zum praktischen Gebrauch

für

Hausfrauen, Installateure und Bautechniker

völkstümlich erläutert

von

D. Coglievina, Ingenieur.

Mit 30 Abbildungen.

München.
Druck und Verlag von R. Oldenbourg.
1892.

Vorwort.

Die Ergebnisse mehrjähriger Studien, durch umfassende praktische Erfahrungen bestätigt, haben nunmehr in der gesamten
Fachwelt die Überzeugung gereift, daß das Leuchtgas in seiner
Benutzung als Wärmequelle zwecks Verrichtung der verschiedenen
im Haushalt vorkommenden Arbeiten sicher geeignet ist, sowohl
in gesundheitlicher, wie auch in ökonomischer und sozialer Hinsicht gegenüber den sonst hierbei verwendeten festen
und flüssigen Brennstoffen eine Reihe überaus wertvoller Vorteile
zu bieten. Diese Erkenntnis in möglichst weite Kreise zu tragen,
erschien mir als eine ebenso gemeinnützige, wie dankbare Aufgabe.

Behufs Lösung derselben stand mir ein zweifacher Weg offen.
In dem einen Falle konnte ich nämlich die einschlägigen, bisher
überhaupt zur Verwendung gelangten Vorrichtungen aller Art
bildlich veranschaulichen und deren Wirkungsweise mehr oder
minder ausführlich beschreiben, es hierauf dem Leser selbst über-
lassend, sich über den Grad der praktischen Zweckdienlichkeit derselben sein eigenes Urteil zu bilden. Andernfalls konnte ich aus
den vorliegenden Objekten diejenigen allein herausheben, welche mit
Rücksicht auf den jeweilig in Betracht kommenden Zweck sich
ganz zweifellos als die **vorzüglichsten** bewährt haben.

So verlockend es nun auch gewesen, den ersteren Weg zu
wählen, da ja die große Fülle an geistiger Arbeit, die vom Standpunkte der wissenschaftlichen Forschung ebenso wie im Hinblick

auf den konstruktiven Erfindungseifer in den betreffenden Objekten
verkörpert ist, ein überaus reiches Material zur Verfügung stellt, so
habe ich dennoch geglaubt, denselben nicht befolgen zu sollen.
Bestimmend hierbei war für mich die Erwägung, daſs gerade jene
Kreise, welche naturgemäſs berufen sind, die in Rede stehenden
Erzeugnisse der Gastechnik den Zwecken der Hauswirtschaft dienst-
bar zu machen, schlechterdings niemals über jene vielfachen Behelfe
verfügen, die doch unumgänglich nötig erscheinen, um dieselben
auf ihren wahren Wert prüfen zu können. Wollte ich also neben
den Apparaten, welche ich auf Grund der Urteile glaubwürdiger
Fachmänner und im Hinblicke auf die dies betreffenden eigenen
Versuchsergebnisse für die dermalen zweckentsprechendsten halte,
auch minderwertige Objekte anführen, so würde dadurch die vor-
liegende Schrift zwar sehr bedeutend an Umfang, keineswegs aber
an praktischer Brauchbarkeit gewonnen haben.

Was nun die Wahl der fraglichen Vorrichtungen selbst betrifft,
so war dieselbe, wie leicht begreiflich, mit vielfachen Schwierigkeiten verbunden gewesen, wobei ganz insbesondere die Feststellung
eines wirklich zweckmäſsigen e i n h e i t l i c h e n k o n s t r u k t i v e n
S y s t e m s in den Vordergrund trat. Es läſst sich nämlich nach
dieser Richtung hin vorweg nicht leugnen, daſs e i n z e l n e Konstruktionen dieses und jenes Gastechnikers unter Einhaltung bestimmter Bedingungen gewisse Arbeitsverrichtungen bestens bewirken lassen. Im Hinblick jedoch auf die anzustrebende allgemeine
Einführung des Leuchtgases als Wärmequelle im Haushalt erachte ich
es als eine nachgerade unabweisbare Vorbedingung, eine den praktischen Bedürfnissen entsprechende Anzahl von Apparaten zu besitzen, welche, nach einem an sich thunlichst vollkommenen System
gebaut, die Möglichkeit gewähren, s ä m t l i c h e Verrichtungen
im Haushalt nach einer einheitlichen Arbeitsweise ausführen zu
können, weil andernfalls in der Verschiedenheit der betreffenden
Arbeitsverfahren selbst ein Moment erblickt werden muſs, welches,
mit dem Merkmal des fremdartigen, ungewohnten Experiments behaftet, offenbar nicht anders denn abschreckend zu wirken vermag.

Deshalb habe ich mich denn nachfolgend lediglich darauf beschränkt, eine Reihe von Objekten übersichtlich zusammenzustellen,
die, sämtlich aus der Central-Werkstatt der »Deutschen Con-
tinental-Gas-Gesellschaft« in Dessau hervorgegangen, allen
Anforderungen der Hauswirtschaft vollauf Rechnung tragen. Sollte
es nun, ungeachtet dieser bescheidenen Grenzen, welche ich der
vorliegenden Arbeit mit Absicht gezogen, derselben beschieden
sein, der Gasfeuerung neue Freunde zuzuführen, so werde ich dies
gern jener Überzeugungskraft allein zuschreiben, welche den ihr
zu Grunde liegenden nachweisbaren Thatsachen und daraus ge-
zogenen praktischen Folgerungen innewohnt.

Wien, im Juli 1891.

Der Verfasser.

Inhalts-Übersicht.

Erster Abschnitt.

Das Leuchtgas als Brennstoff.

———

Gleich allen übrigen Einrichtungen des modernen Städtelebens stellt sich auch die Art unserer heutigen Küchenfeuerung und Wohnungsheizung als das Ergebnis eines langwierigen Kulturprozesses dar, dessen fernere gedeihliche Entwickelung naturgemäfs jedwede sprungweise Neuerung vorweg ausschliefst und nur auf dem Wege stetig fortschreitender Verbesserungen wirksam gefördert werden kann. Wenn wir nun dessenungeachtet im nachfolgenden für die Einführung eines verhältnismäfsig leider noch viel zu wenig benutzten Brennstoffes — des Leuchtgases — eintreten, so geschieht dies vor allem in Erwägung der Thatsache, dafs die angestrebte allgemeine Verwendung desselben e i n e b l o f s s c h e i n b a r e N e u e r u n g in sich schliefst; dann aber auch in der von jahrelangen Erfahrungen genährten Überzeugung, dafs daraus unsere Hauswirtschaft vornehmlich in gesundheitlicher und ökonomischer Richtung s e h r b e d e u t e n d e V o r t e i l e zu ziehen vermag.

Fassen wir nämlich, um zunächst das Wesen dieser scheinbar neuen Feuerungsart richtig zu deuten, die Vorgänge ins Auge, welche bei der Verbrennung von festen Brennmaterialien (Holz und Kohle) zu Tage treten, und denken wir uns zu dem Ende vorerst blofs ein einfaches Zündhölzchen dadurch zur Entzündung gebracht, dafs wir den daran klebenden Zündstoff (Phosphor) durch Reibung blofslegen, so ist es wohl ohne weiteres klar, dafs hierbei Wärme erzeugt wird. Auf das Hölzchen selbst übertragen, treibt dieselbe aus dem letzteren dessen gasförmige Bestandteile aus und bringt sie mit dem Sauerstoff der hinzutretenden Luft zur Verbrennung, so dafs allmählich fast das ganze Hölzchen in den gasförmigen Zustand übergeht, und nur noch die festen, unverbrennlichen Teilchen desselben als Asche zurückbleiben.

Wird nun ferner das brennende Hölzchen unter einen leicht entzündbaren Körper (Papier, Stroh, Holzspäne o. dgl.) gelegt, so findet unter der Einwirkung der besagten Wärme nunmehr auch die Entgasung dieses letzteren statt. Die solcherart erhaltene Wärmemenge aber ist, wie wohl von selbst klar, eine wesentlich gröfsere im Vergleich zu der vorhin erhaltenen, so dafs wir unter Zuhilfenahme derselben schon stärkere Holzstücke zu entgasen und dann zur Verbrennung zu bringen vermögen. Durch die Verbrennung dieser Gase steigert sich aber in weiterer Folge die Heizkraft der Flamme mehr und mehr — und so können wir dann nach einander schliefslich sogar die feste Kohle vergasen und in den Bereich des Verbrennungsprozesses einbeziehen.

Es folgt hieraus, dafs jede Verbrennung füglich nichts anderes ist als eine Vergasung und die innige Verbindung des hierdurch gewonnenen brennbaren Gases mit dem Sauerstoffe der atmosphärischen Luft. Ob wir nun dieses brennbare Gas, wie dies bei der heute üblichen Feuerungsart der Fall, in Gestalt von Holz oder Kohlen im Keller und in der Küche aufspeichern, um es daraus im Augenblicke des Bedarfs erst durch Zuhilfenahme von bereits brennenden Stoffen (Zündhölzchen, Holzspänen u. dgl.) zu gewinnen, oder ob wir dasselbe in bereits fertigem Zustande aus den Röhren der Leuchtgas-Anstalt entnehmen, indem wir zu dem Ende unsern Herd mit dem grofsen Vorrats-Magazin der Gasanstalt durch Rohrabzweigungen direkt verbinden, — so haben wir es doch in beiden Fällen stets wieder mit einem und dem nämlichen Gasfeuer zu thun.

Im Hinblick darauf liegt denn wahrlich nichts näher, als die Frage zu erwägen, ob es wohl rätlicher sei, den Brennstoff erst im Bedarfsfalle seiner festen Hülle zu entkleiden, oder ihn im fertigen Zustande von dem nächsten Gaswerke sofort zu beziehen.

Insoweit hierbei die Art der Beschaffung des Brennstoffes, sowie die Beständigkeit des Preises desselben in Betracht kommt, kann die Beantwortung der vorliegenden Frage gewifs nicht anders, als ganz entschieden zu Gunsten des Leuchtgases ausfallen.

Ist nämlich nur einmal die betreffende Küche mittels einer entsprechend weiten Leitung an das Strafsenrohrnetz angeschlossen, dann stellt nach der ersteren Richtung hin eben jene Leitung einen nachgerade unerschöpflichen, vor Diebstahl und Feuersgefahr durchaus gesicherten Vorrat an Brennstoff dar, welcher ohne das geringste Zuthun unsererseits stets von neuem sich nachfüllt, zu allen Stunden des Tages und der Nacht unmittelbar bis an den Ort seiner naturgemäfsen Bestimmung hinfliefst, und zwar jederzeit genau in der jeweilig benötigten Menge, deren Gröfse wir durch die einfache Drehung eines Hahnes ganz nach unserm Belieben erhöhen oder vermindern können.

Was aber den Preis des in Rede stehenden Stoffes betrifft, so unterliegt derselbe ganz ausnahmsweise nur den durch die Marktlage oder die Jahreszeit bedingten Schwankungen, indem er ja durch Verträge auf viele Jahre hinaus vorweg unabänderlich bestimmt ist. Endlich darf uns in diesem Falle denn auch keinen Augenblick die Sorge quälen, ob wohl der Kaufmann, der uns die Ware geliefert, rücksichtlich der bedungenen Güte und Gewichtsmenge derselben unser vollstes Vertrauen thatsächlich verdiene: üben ja doch hinsichtlich der vertragsmäfsig vereinbarten Qualität des Gases die Organe der betreffenden Ortsbehörde selbst jederzeit eine scharfe Kontrolle, und verzeichnet andererseits die in der Leitung eingeschaltete, behördlich geeichte Gasuhr in völlig untrüglicher Weise Liter um Liter die jeweilig durh dieselbe geflossene Gasmenge.

Wie ganz anders bei Verwendung von Holz und Kohlen! Denn nicht überall erscheinen bekanntlich all' jene Vorkehrungen getroffen, wodurch es, wie in den gröfseren Bevölkerungscentren zumeist, ermöglicht wird, dafs man etwa mittels einer einfachen Postkarte sich des betreffenden Auftrages dem einmal gewählten Händler gegenüber rasch entledige und von diesem das Gewünschte in wohlversiegelten Säcken ins Haus bekomme. Es müssen vielmehr in der Regel die fraglichen Verkaufsstellen erst aufgesucht, es mufs die Ware gemustert, die Art ihrer Zustellung und Zerkleinerung vereinbart, es mufs hierauf der solcherart beschaffte Vorrat in den oft überhaupt nur notdürftig vorhandenen Kellerraum gebracht werden, von wo aus dann endlich der dem täglichen Bedarf entsprechende Teil desselben in die oft hoch gelegene Küche wandert.

Jedes einzelne dieser Arbeitsstadien ist aber, von der hierauf aufgewandten Mühe und Zeit selbst absehend, offenbar zumindest noch mit Verlusten an Brennmaterial verbunden. Rechnet man nun zu diesen letzteren noch die kleinen Entlohnungen hinzu, ohne die es bekanntlich bei derlei Verrichtungen nun einmal nicht abgeht, ferner jenen Anteil an Miete, der auf den Keller entfällt, — so wird man ganz unschwer zu der Folgerung gelangen, daſs die Kenntnis von dem wahren Werte des für die Hauswirtschaft aufgespeicherten Vorrats an festen Brennmaterialien erst dadurch gewonnen werden kann, indem man den betreffenden Ankaufspreis noch um den Geldwert einer Reihe von Faktoren erhöht, d i e i n d e r g e w ö h n l i c h e n P r a x i s l e i d e r z u m e i s t n i c h t i n B e t r a c h t g e z o g e n z u w e r d e n pf l e g e n. Noch mehr: selbst der solcherart ermittelte Wert würde noch keineswegs ein unbedingt richtiger zu nennen sein, einfach deshalb nicht, weil der besagte Ankaufspreis selbst häufigen Änderungen unterliegt und erfahrungsgemäſs um so rascher sich steigert, je mehr wir uns der eigentlichen Brennzeit nähern. Wollte man aber die Anschaffung des Brennmaterials etwa im Sommer bewirken, so würde die dadurch allenfalls erzielte Ersparnis an Auslagen durch den Verlust der Zinsen gröſstenteils illusorisch gemacht werden, welche auf das in dem vorerst unbenutzten Vorrat steckende Kapital entfallen.

Wir schlieſsen hieraus, daſs die auf eine bestimmte Heiz- und Kohlenmenge bezogenen Kosten nicht jederzeit die nämliche Höhe aufweisen; dieselben ändern sich vielmehr fort und fort.

Nur um so schärfer tritt jedoch der zwischen den festen und den von vornherein gasförmigen Brennstoffen bestehende Gegensatz hervor, wenn wir im weiteren die A r t i h r e r B e n u t z u n g ins Auge fassen und zu dem Ende bloſs die Eigenartigkeit der betreffenden Vorrichtungen betrachten.

Wir haben es da auf der einen Seite mit einem massiven, einen groſsen Raum beanspruchenden Herde zu thun, der gerade in dem Augenblicke, da wir seiner bedürfen, noch gar keine Heizwirkung äuſsert, sondern zu dem Ende auf mühsame und zeitraubende Weise erst mit Brennmaterial beschickt werden muſs. Mag nun die hierbei von uns beabsichtigte Verrichtung in dem einen Falle eine sehr bedeutende, in dem andern eine noch so geringfügige sein, so bleiben die damit verbundenen Vorarbeiten dennoch unter allen Umständen dieselben. Ja, zumeist nicht diese allein: wird nämlich eben jene Verrichtung der Willkür der Magd überlassen, dann darf man wohl in der Regel zu der sichern Annahme sich neigen, daſs die zur Verbrennung gebrachte Menge an Holz und Kohlen ganz und gar nicht im richtigen Verhältnisse zu dem benötigten Wärmeaufwande gestanden, mithin ein Teil jenes Vorrats nutzlos verbraucht wurde. Ist einmal aber die verlangte gröfste Heizwirkung thatsächlich erreicht, so erscheint erfahrungsgemäfs deren Erhaltung über eine gewisse Zeitgrenze hinaus in keiner Weise gerechtfertigt. Im Gegenteil! Jedes Übermafs an Wärme rächt sich fortan an der Schmackhaftigkeit der Speisen oder zieht eine Vergeudung an Brennstoff nach sich, welche in der Form einer gesundheitsschädlichen Ausstrahlung der Herdplatte, sowie in der lästigen, häufig einen grofsen Teil der Wohnung erfüllenden und die Einrichtung derselben (insbesondere die Vorhänge und Möbelstoffe) vorzeitig zerstörenden Rauchbildung sich kundgibt.

Auf der andern Seite steht uns hingegen ein kompendiöser Apparat zu Gebote, dessen ganzer Aufbau jedem Raume zur Zierde gereicht. Seine einzelnen Teile sind mit der betreffenden Gasleitung und unter einander zweckdienlich verbunden. Da gibt es denn keinen Rost, dessen Stäbe sich zeitweilig mit harter Schlacke belegen und dadurch den nötigen Luftzutritt verhindern, oder gar ihren Halt und Zusammenhang unter einander verlieren und so mit arger Gefährdung des Hauses das brennende Material hinabkollern lassen. Kleine und gröfsere Feuerungsöfinungen, bald rund und bald wieder länglich, da auf der freiliegenden Platte, dort im Innern der darunter geschaffenen Räume in der Art verteilt, wie es gerade die Bedürfnisse der täglichen Praxis fordern, erscheinen hier zu einem Herde vereinigt, der in der Gesamtheit seines Heizvermögens selbst den weitest gehenden Ansprüchen gerecht wird, jedoch gleichzeitig auch die Möglichkeit bietet, den gewaltigen Brand blofs auf einen winzigen Kreis von Flämmchen zusammenzuziehen, die nicht einmal über den Boden des allerkleinsten Gefäfses hinauszuschlagen vermögen. Und dieser Übergang von der intensivsten Kraftleistung bis hinab zur geringsten ist keineswegs ein Spiel des Zufalls: es bildet vielmehr jede einzelne Feuerstelle ein vollkommenes, durchaus abgeschlossenes Ganze für sich, worin Keller und Herd nur durch ein schwaches Hähnchen von einander getrennt erscheinen. Ein Öffnen dieses letzteren, und der betreffende Flammenkreis brennt mit voller Stärke auf, während eine geringe Drehung am Hahn die Wärme im Augenblicke ganz nach Belieben regelt; und nur noch eine weitere kleine Drehung, so ist die Flamme, ohne jeglichen Rückstand an Rauch noch Asche, völlig spurlos verschwunden.

Angesichts dieser Verhältnisse möge man uns denn die wahrlich nahe liegende Frage gestatten: Ist unsere heutige Feuerungsweise wohl in vielem von jener der Wilden verschieden? Darin gewifs, dafs jene das Holz mühsam zusammentragen und es mittels langwieriger Reibung erst zur Entzündung bringen, wogegen der Händler uns Holz und Kohlen, Zündhölzchen und Späne ins Haus liefert. **Hinsichtlich der Art der Benutzung des Brennstoffs jedoch stehen wir fürwahr mit den Bewohnern der Wildnis noch immer nahezu auf der nämlichen Stufe.** Denn ebenso wie jener können auch wir mit der Bereitung der Speisen nicht eher beginnen, als bis endlich die Feuerung im richtigen Gange ist; auch erscheint dort genau so wie hier jedwede Möglichkeit benommen, die jeweilig erzeugte Heizkraft beliebig abzuschwächen und zu verstärken, also überhaupt zu regeln; endlich mufs zudem in beiden Fällen das einmal von der Flamme erfafste Material in ihrem Bereiche verbleiben, bis es darin gänzlich verbrennt. Es mag demnach immerhin hart der Ausspruch klingen, den schon vor Jahren der berühmte Forscher und bahnbrechende Industrielle Ch. W. Siemens diesbezüglich gethan, so bringt er doch eine tief erkannte Wahrheit zum Ausdruck: »Ich halte es« — so lautet derselbe — »geradezu für barbarisch, rohe Kohle zu irgend welchem Zwecke zu benutzen, und glaube, dafs die Zeit kommen wird, in der alles rohe Brennmaterial bereits in seine zwei Bestandteile zerlegt sein wird, ehe es unsere Wohnungen erreicht!«

Ist diese Zeit denn zu einer allgemeinen Einführung der Gasapparate auch schon gekommen?

Diese Frage wurde zwar wiederholt ganz entschieden bejaht, aber auch oft nicht minder entschieden verneint. Woher dieser schroffe Gegensatz der Meinungen? Offenbar hatte man es in dem einen Falle mit Vorrichtungen zu thun, die ihrem Zwecke entsprachen, während es sich im andern Falle um Objecte handelte, deren Wirkungsweise eine mangelhafte gewesen. Im Hinblick darauf wollen wir es denn auch vorsätzlich vermeiden, allgemeine Behauptungen aufzustellen, sondern ziehen es vor, im nachfolgenden die auf durchaus bestimmte Arbeitsverrichtungen sich beziehende Wirkungsweise einer Reihe von als zweckmäfsig erkannten Apparaten in Kürze darzulegen.

Zweiter Abschnitt.

Das Kochen mit Gas.

Der Grad der Zweckdienlichkeit all' jener Vorrichtungen, welche es ermöglichen sollen, die Heizkraft des Leuchtgases thunlichst auszunutzen, hängt, wie wohl selbstverständlich, in allererster Linie von der Wirkungsweise des betreffenden Brenners selbst ab. Unter sämtlichen diesbezüglich bisher versuchten Konstruktionen will uns die Einrichtung des Dessauer Brenners als die rationellste erscheinen. Letzterer (Fig. 1) unterscheidet sich nämlich von den sonst üblichen Vorrichtungen dieser Art zunächst dadurch, dafs vermöge der dreieckförmigen Querschnittsform des Brennerringes A die Verbrennungs-

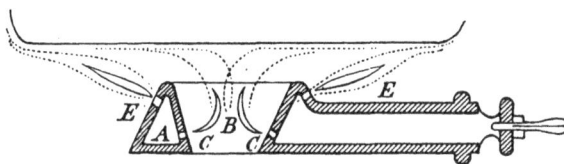

Fig. 1.

produkte der inneren Flammenreihe sich in einem kraterförmigen Hohlraume B stets oberhalb der Höhenlage des äufseren Flammenringes vereinigen müssen und von da ab gemeinsam dem Gefäfsboden zuströmen, so dafs dieser, nicht wie sonst vielfach, von einzelnen Stichflammen getroffen, sondern von einem vollen Strom heifser Luft seiner ganzen Ausdehnung nach gleichmäfsig bestrichen wird, wodurch das Geschirr geschont und das Anbrennen der Speisen vermieden erscheint. Ferner dadurch, dafs infolge der hierbei gewählten, erst durch zahlreiche Versuche ermittelten Anzahl, Gröfse und Lage der äufseren und inneren Brennlöcher die Verbrennungsprodukte der Innenflammen C ungehindert zwischen den Aufsenflammen E hindurch entweichen können, so dafs, im offenkundigen Gegensatz zur Wirkungsweise anderer Brenner, bei diesem jederzeit eine vollständige, mithin durchaus geruchlose Verbrennung des Gases erreicht wird. Endlich noch dadurch, dafs die jeweilig erzeugte Wärme vor Ausstrahlung bestens geschützt ist und selbst die an den gufseisernen Brennerkörper abgegebene Wärme keineswegs ver-

loren geht, sondern zur Vorwärmung des durch denselben fliefsenden
Gas- und Luftgemisches wirksam verwertet wird.

Durch die Verbindung dieses Brenners mit einem Traggestelle
von der nachstehend veranschaulichten Form (Fig. 2) erhält man
einen einfachen Kocher, der bei vielen kleineren Verrichtungen,

Fig. 2.

die im Haushalt tagsüber häufig sich zu wiederholen pflegen (bei-
spielsweise: zum raschen Sieden von wenigen Litern Wasser oder
Milch, zum Anwärmen oder Warmhalten von Speisen u. dgl.) mit
Vorteil benutzt werden kann.

Zur selbständigen Bereitung einzelner Gerichte kann man sich
des Doppelkochers (Fig. 3) zweckmäfsig bedienen, und dies um
so sicherer, als derselbe die Möglichkeit bietet, je nach der Gröfse

Fig. 3.

des Kochgefäfses entweder beide Flammenringe zugleich, oder aber
den inneren Flammenring allein in Thätigkeit zu setzen, was durch
eine einfache Umstellung des Hahnes bewirkt werden kann. Hierbei
ist jedoch der Umstand wohl zu beachten, dafs, sobald das Ankochen der zu bereitenden Speise einmal erreicht und behufs Garkochens derselben nur noch eine geringe Heizkraft erforderlich ist,
wozu erfahrungsgemäfs etwa blofs der vierte Teil der bis dahin

benötigten Gasmenge vollauf genügt, es sich empfiehlt, b e i d e Flammenringe kleinzustellen, anstatt den inneren Ring allein voll zur Wirkung
gelangen zu lassen, weil dadurch eine gleichmäfsigere Beheizung des
Topfbodens stattfindet.

Es könnte nun allerdings der Einwand leicht erhoben werden,
dafs behufs Ausführung der besagten kleineren Verrichtungen uns
S p i r i t u s -, B e n z i n - und P e t r o l e u m k o c h e r zur Verfügung
stehen, welche im Hinblick darauf, dafs sie keine Gasleitung er-
heischen, eine bequemere und überall mögliche Aufstellung gestatten.
Diese Thatsache läfst sich zwar an sich vorweg nicht in Abrede
stellen; ebensowenig kann jedoch einerseits geleugnet werden, dafs
die Verwendung flüssiger Brennstoffe eine grofse und trotz aller
Vorsicht kaum hintanzuhaltende Gefahr in sich schliefst, während
anderseits die Ansicht, dafs diese Feuerungsart eine billige sei,
auf einem leider ziemlich verbreiteten, deshalb jedoch nicht minder
feststehenden Irrtume beruht. Nach der ersteren Richtung hin
liefert nämlich die Lokalchronik der gesamten Tagespresse den
wohl jedermann überzeugenden Nachweis, dafs ungeachtet aller
diesbezüglich seitens der Behörden bisher ergriffenen Mafsnahmen
aller Art von Jahr zu Jahr in nachgerade erschreckender Weise die
traurigen Unglücksfälle sich häufen, welche, durch die Entzündung
jener leicht explodierbaren Flüssigkeiten hervorgerufen, in zumeist
lebensgefährlichen Verbrennungen und nicht selten auch in ver-
heerenden Feuersbrünsten sich äufsern. Was aber die Kosten dieser
Feuerungsart betrifft, so haben wiederholte, mit den neuesten und
besten Kochapparaten durchgeführten Versuche dargethan, dafs, um
1 L i t e r W a s s e r von bestimmter Temperatur zum Sieden zu
bringen, unter der Annahme, dafs das Benzin 100 Pf. pro Kilogramm,
(= 1000 Gramm), der Spiritus 50 Pf. pro Liter, das Petroleum
20 Pf. pro Liter und das Gas 10 Pf. pro Kubikmeter (= 1000 Liter)
kostet, erforderlich sind:

bei Verwendung von	Zeitaufwand in Minuten	Verbrauch an Brennstoff	Kostenbetrag in Pfennig
Benzin	32	20 Gramm	2,00
Spiritus	14	0,034 Liter	1,70
Petroleum	28	0,034 «	0,70
Gas	11	32 »	0,32

Die hohe Bedeutung der vorstehenden Ergebnisse dürfte aber um so deutlicher erhellen, wenn man dieselben auf eine bestimmte Wärmemenge bezieht. Zu dem Ende müssen wir denn diese letztere auf eine gewisse Anzahl von Einheiten zurückführen und bezüglich derselben daran erinnern, daſs man unter einer Wärmeeinheit (abgekürzt W.-E., auch Calorie genannt), jene Wärmemenge versteht, welche erforderlich ist, um die Temperatur von 1 Liter = 1 Kilogramm Wasser um 1⁰ C. zu erhöhen. Bei der in Rede stehenden Verrichtung (Erwärmung des Wassers von 13 bis 100⁰ C.) wurden demnach 100 — 13 = 87 W.-E. entwickelt. Es kosten mithin je 100 W.-E. bei Verwendung

von Benzin . . . . $2 \times 100 : 87 = 2,29$ Pf.
» Spiritus   . . . . $1,7 \times 100 : 87 = 1,95$ »
» Petroleum . . . . $0,7 \times 100 : 87 = 0,80$ »
» Gas . . . . $0,32 \times 100 : 87 = 0,37$ »

Ganz die nämliche Wärmemenge, welche bei Verwendung von Gas bloſs 37 Pf. kostet, stellt sich sonach bei Petroleum auf 80, bei Spiritus auf 195, bei Benzin auf 229 Pf. Wer also meint, mit flüssigen Brennstoffen billig zu kochen, der befindet sich ganz zweifellos in einem argen Irrtume, denn das Petroleum erweist sich bei gleicher Heizwirkung durchschnittlich 2 mal, der Spiritus 5 mal und das Benzin reichlich 6 mal teurer als das Gas.

Die beiden vorhin beschriebenen Gaskocher, welche je nach der Form des darauf zu stellenden Gefäſses selbstverständlich mannigfaltigst gestaltet sein können, lassen sich in der verschiedensten Weise zu Kochergruppen resp. zu einer Herdplatte von gröſserer oder geringerer Ausdehnung und Leistungsfähigkeit vereinigen, deren Bestimmung zumeist darin gipfelt, in Fällen, wobei mit dem jeweilig gegebenen Kochherde das Auslangen nicht gefunden werden kann, (also beispielsweise in Restaurationen und Gasthöfen, bei Ausstellungen und bei festlichen Anlässen) zur Aushilfsleistung herangezogen zu werden. Zu dem Ende muſs denn jede zweckmäſsig gebaute Herdplatte offenbar die Möglichkeit bieten, daſs man die fraglichen Kochgefäſse von jeder beliebigen Gröſse und Form, ohne dieselben erst aufheben zu müssen, leicht von einem Brenner zum andern verschieben und darüber sicher centrieren kann, ohne daſs dadurch die jeweilig in Betracht kommende Flamme von den betreffenden Führungsrippen durchbrochen, mithin in ihrer Heizwirkung gehemmt werde.

Dieser dreifachen Anforderung der Praxis vermögen füglich blofs Radial-Rippenroste, wie solche in den nachfolgend angeführten Herdplatten verwendet erscheinen, zu genügen, wogegen die leider noch vielfach benutzten Einzelringe, ebenso wie die parallel neben einander gelagerten Roststäbe dem besagten Zwecke ganz offenkundig zuwiderlaufen.

Behufs Veranschaulichung der mannigfachen Ausgestaltung, welche die in Rede stehenden Vorrichtungen bisher erfahren, führen wir hier blofs einige charakteristische Konstruktionstypen vor.

Mit 3 Kochbrennern versehen, .deren Gasverbrauch 200, beziehentlich 360 und 500 Liter pro Stunde beträgt, ist .die nachstehend dargestellte Herdplatte (Fig. 4) zur Aufnahme von Kochgefäfsen in der Gröfse von 12, 20 und 30 cm (Inhalt: $^6/_{10}$, 2 und

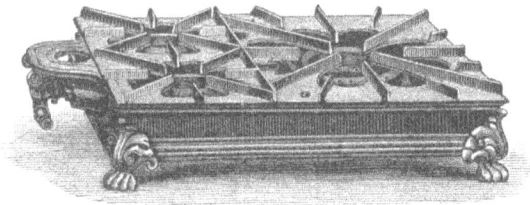

Fig. 4.

10 Liter) bestimmt. Jeder einzelne Brenner kann durch eine einfache Drehung des betreffenden Hahnes für sich abgestellt und hinsichtlich der Gröfse seiner Heizwirkung geregelt werden. Zur genauen Einstellung ist ein Quadrant mit Anschlagkrappen angeordnet.

Fig. 5.

Handelt es sich hinwieder darum, zwei Gefäfse im Kochen zu erhalten, dazwischen gleichzeitig aber noch ein drittes, längliches Objekt zu bedienen, so verwende man die in der obigen Figur 5 abgebildete Herdplatte. Dieselbe ist dementsprechend an ihren beiden Enden mit je einem Rundbrenner von 300 l stündlichem

Gasverbrauch versehen, während der mittlere Längsbrenner, dessen Gasverbrauch blofs 220 l pro Stunde beträgt, zum Kaffeerösten, zur Erwärmung von Längspfannen, Fischkesseln, Wasserblasen u. dgl. gleich vorteilhaft benutzt werden kann.

Eine sehr zweckmäfsige Anordnung zeigt ferner die nachstehende Herdplatte (Fig. 6), bei welcher jeder von den vier Brennern, deren Gasverbrauchsgrenzen zwischen 220 und 600 l pro Stunde

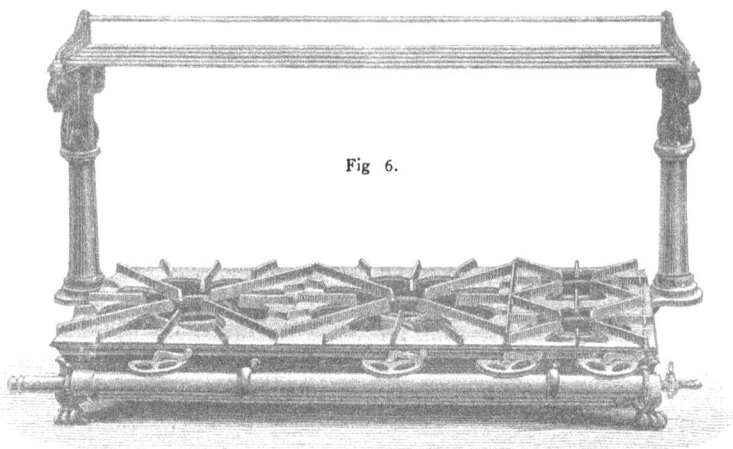

Fig 6.

liegen, gleichfalls einzeln abgestellt werden kann, wobei aber zudem die über den Brennern in passender Höhe (etwa 40 cm) angebrachte Galerie es ermöglicht, die ausstrahlende, sonst also verloren gehende Hitze zum Warmhalten von Tellern oder Speisen wirksam zu benutzen.

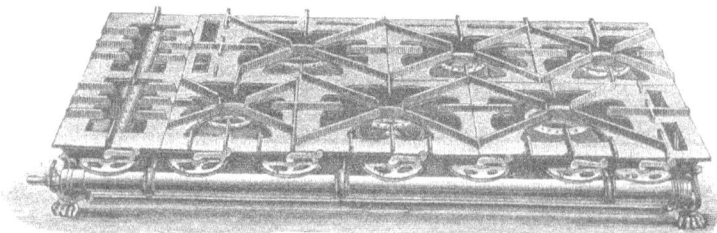

Fig. 7.

Dafs man, auf diese Weise fortschreitend, Vorrichtungen zu schaffen in der Lage ist, die selbst den weitest gehenden Anforderungen zu genügen vermögen, zeigt die hier (Fig. 7) blofs beispielsweise veranschaulichte, für grofse Küchen bestimmte, mit einem Längsbrenner und 6 Rundbrennern ausgestattete Herdplatte. Es werden noch gröfsere Herdplatten angefertigt und finden auch Absatz.

Die weitere Ausbildung einer der vorstehend beschriebenen Herdplatten zu einem vollständigen Koch- und Bratherd ergibt sich, wie aus der nachstehenden Zeichnung (Fig. 8) zu ersehen, einfach dadurch, dafs man die in Rede stehende Herdplatte,

Fig. 8.

je nach der Disposition des vorhandenen Raumes, rechts- oder linksseitig nur noch mit einer entsprechenden Bratröhre versieht. Man erhält solcherart eine überall aufstellbare, leicht und bequem zu handhabende Vorrichtung, welche in kleinen Haushaltungen einen vollständigen Ersatz für die sonst üblichen, einen verhältnismäfsig viel gröfseren Raum beanspruchenden und nur in unmittelbarer Nähe von Rauchabzügen anzubringenden Herde bietet, während dieselbe in gröfseren Haushaltungen, namentlich bei festlichen Anlässen, dazu dienen kann, die Leistungsfähigkeit des gegebenen Herdes wirksam zu erhöhen.

Eine noch ökonomischere Art der Speisenbereitung ist in den geschlossenen Koch- und Bratöfen zu bewirken; auch lassen die damit gemachten Erfahrungen (wir erinnern diesbezüglich an die, ungeachtet ihres belästigenden Geruches, verhältnismäfsig rasch eingebürgerten Braunkohlen-Gruden) keinen Zweifel darüber zu, dafs die auf diese Weise bereiteten Speisen ganz wesentlich saftiger und schmackhafter bleiben.

Ein solcher Ofen ist umstehend abgebildet. Behufs rationeller Verwendung desselben beachte man folgendes: 1. Beim Kochen. Bis zur Erreichung der Siedehitze stelle man den Hebel

des Gashahns nach vorn (Stellung »auf«); hierauf drehe man denselben ein wenig nach links (Stellung »klein«), hebe das Koch-
gefäfs von dem unteren festen Rippenrost ab, setze es auf den
Gitterschieber und schiebe diesen letzteren in die Höhe der untersten
Schiebeleisten ein. — 2. Beim Braten. Das Anbraten von mit
Wasser angesetzten Speisen geschieht am zweckmäfsigsten auf dem
unteren Rippenroste (Hahnstellung »auf«), das Weiterbraten auf
dem unten einzuschiebenden Gitterschieber (Stellung »klein«). Dagegen verwende man beim Braten von trocken (mit Butter) anzu-
setzenden Speisen stets den unteren Gitterschieber, u. zw. beim

Fig. 9.

Anbraten mit der Hahnstellung »auf«, beim Weiterbraten mit der
Hahnstellung »klein«. — 3. Beim gleichzeitigen Kochen und
Braten verwende man zum Ankochen den freistehenden Consol-
brenner, zum Weiterkochen aber den zweiten oberen Gitterrost
im Innenraume; das Braten erfolgt ausschliefslich im Innenraume
bei den besagten zwei Hahnstellungen. — 4. Behufs Beschaffung des nötigen Abwaschwassers stelle man auf den oberen
Gitterrost, sobald derselbe nicht voll benutzt ist, einen mit Wasser
gefüllten Topf. Die sonst zu diesem Zwecke übliche Verwendung
von sogenannten »Wasserblasen« ist durchaus unzweckmäfsig; es
dauert nämlich zumeist sehr lange, bis das Wasser in derlei Be-
hältern durch die Abhitze des Herdes genügend warm wird; hat
es endlich aber auch die verlangte Temperatur erreicht, so kühlt

es dennoch bis zu seiner Verwendung so weit ab, daſs es neuerdings erhitzt werden muſs.

Zur Veranschaulichung der überaus sparsamen Wirkungsweise
dieser beiden Herdtypen könnten wir eine groſse Reihe ziffer-
mäſsiger Belege anführen, die, teils der privaten Hauswirtschaft ent-
lehnt, teils wieder auf kommissionellem Wege gewonnen, den un-
widerleglichen Nachweis liefern, daſs das Gas in seiner Verwendung
als Wärmequelle auch in finanzieller Beziehung allen übrigen Brennstoffen weitaus überlegen erscheint. Für den uns vorschwebenden
Zweck dürfte es indes wohl vollauf genügen, nachfolgend auf die
Ergebnisse von bloſs zwei Kochversuchen hinzuweisen, die anläſslich
einer im Januar 1890 in Ulm stattgehabten Ausstellung von Gas-
Koch- und Heizapparaten ermittelt wurden. Es standen bei dem
besagten Anlasse ein offener Herd (Fig. 8) und ein geschlossener
Koch- und Bratofen (Fig. 9) zur Verfügung. Die Mahlzeiten, welche
mittels dieser beiden Apparate nach einander bereitet wurden, bestanden jedesmal aus 1 ½ Pfund Rindfleisch, 2 l Kartoffeln und
3 Pfund Kalbsbraten. Hierbei ergaben sich nachstehende Daten, u. zw.

1. Bei Benutzung des offenen Herdes:

a) Der das Rindfleisch enthaltende Papintopf wurde zunächst
bei Verwendung des groſsen Brenners (Stellung »auf«) innerhalb
18 Minuten zum Kochen gebracht, worauf auf dem kleineren
Brenner (Stellung »klein«) weiter gekocht wurde. Kaum 55 Minuten
nach dem Zusetzen, mithin nach einer Siedezeit von bloſs 37 Minuten,
war das Fleisch gar gekocht. Das Kochen fand, wie gesagt,
im Papintopf statt.

b) Auf· den groſsen Brenner (Stellung »klein«) gestellt, kochten
die Kartoffeln schon nach 16 Minuten und waren dieselben nach
weiteren 14 Minuten fertig.

c) Der Braten zeigte bereits nach 20 Minuten an der unteren
Seite eine sehr schöne Farbe, begann 10 Minuten später sich auch
oben zu bräunen, war nach weiteren 20 Minuten fertig, erwies sich
überaus saftig und lieferte eine wohlschmeckende Sauce.

Zur Bereitung der ganzen Mahlzeit war demnach
kaum eine Stunde erforderlich und wurden während
dieses Zeitraums im ganzen bloſs 684 Liter Gas verbraucht, was bei dem dermaligen mittleren Gaspreise (10 Pf. pro
Kubikmeter) einem Kostenaufwande von rund 7 Pf., jedoch selbst

bei dem höchsten Gaspreise (16 Pf. pro Kubikmeter) noch immer nicht ganz 11 Pf. entsprechen würde.

2. Bei Benutzung des geschlossenen Koch- und Bratofens:

a) Das Rindfleisch kochte schon nach 19 Minuten und war nach weiteren 50 Minuten fertig.

b) Die Kartoffeln erforderten zu ihrer Bereitung einen Zeitraum von 30 Minuten.

c) Der Braten begann schon nach 10 Minuten sich zu bräunen und benötigte noch weitere 60 Minuten zu seiner Fertigstellung.

Die Bereitung der ganzen Mahlzeit erheischte also in diesem Falle einen Zeitaufwand von 1 Stunde und 10 Minuten, während dessen der Gasverbrauch sich auf blofs 630 Liter belief, was bei gewöhnlichen Verhältnissen eine Auslage von rund 6½ Pf., jedoch selbst im ungünstigsten Falle eine solche von 10 Pf. bedeutet.

Die Erkenntnis der vorstehend blofs an wenigen Beispielen dargelegten Vorteile, welche, einer bisher ziemlich allgemein verbreitet gewesenen, irrigen Meinung entgegen, die Verwendung des Gases für Kochzwecke auch in ökonomischer Hinsicht bietet, hat denn in jüngster Zeit zur Herstellung von grofsen Gasherden hingedrängt, welche selbst in den gröfsten Küchen die fernere Benutzung fester Brennstoffe und Herde für dieselben durchaus entbehrlich machen. Zur Erreichung dieses Zieles konnte zwar, wie in der That vielfach geschehen, jedes von den beschriebenen Herdtypen entsprechend erweitert werden; ganz unvergleichlich zweckdienlicher erschien es jedoch, eben jene Vorrichtungen als solche völlig unverändert beizubehalten, deren Leistungsfähigkeit aber dadurch zu erhöhen, dafs man dieselben auf einen Untersatz stellte, welcher mit Gasfeuerung versehen wurde und sich solcherart mit dem besagten Aufsatze zu einem einheitlichen Ganzen verband.

In den nachfolgenden grofsen Gaskochherden haben wir es demnach mit einem bereits bekannten Aufsatze und einem neuen Untersatze zu thun, welch letzterer jedoch keineswegs zu dem ihm gerade in der Zeichnung beigegebenen Oberteile allein pafst, sondern gleich vorteilhaft mit diesem oder jenem Aufsatze zweckmäfsig verbunden werden kann.

So ergibt sich zunächst aus der Verbindung einer mit 6 Rund- und 2 Längsbrennern versehenen Herdplatte (ähnlich der auf S. 12

dargestellten) mit dem aus einem grofsen Brat- und Wärmeraume bestehenden Untersatze der durch die Fig. 10 veranschaulichte Gasherd. Der besagte Bratraum, zur Aufnahme von grofsen Pfannen bestimmt, ist mit 2 Rund- und 1 Längsbrenner ausgestattet, während der linksseitig liegende Warmraum, von einem beweglichen Brenner geheizt, als Speise- und Tellerwärmer dient. Jede der gedachten Pfannen kann 2 Gänse, beziehungsweise 25 Pfund Bratfleisch fassen, wogegen der Tellerraum bis zu 65 Teller aufzunehmen vermag. Die

Fig. 10.

auf der Herdplatte angebrachten Längsbrenner haben den Zweck, eine etwa 22 l fassende kupferne Wasserblase zu erwärmen.

Mit der früher beschriebenen Koch- und Bratröhre (Fig. 8) in Verbindung gebracht, ist der umstehend gezeichnete Untersatz (Fig. 11) mit 2 Röhren versehen, wovon die eine (linksseitige) als Bratofen, die andere als Tellerwärmer eingerichtet erscheint. Der unterhalb dieses Raumes befindliche, aus welligem Kupferblech hergestellte und mit 2 getrennt von einander absperrbaren Heizröhren

ausgestattete Reflektor-Kamın, im Sommer unbenutzt gelassen, dient
im Winter zur zweckmäfsigen Erwärmung der Küche. Der besagte
Bratofen wird mittels eines Langsbrenners erhitzt, während der zur
Aufnahme von etwa 40 Tellern genügenden Raum bietende Teller-
wärmer entweder bloss durch die Abhitze der benachbarten Räume
(Bratofen und Kamin) oder — falls diese nicht in Benutzung stehen —

Fig. 11.

durch eine zum Herausdrehen eingerichtete, gegen einen gufseisernen
Boden wirkende Flamme geheizt wird.

Endlich zeigt noch der hier dargestellte Herd (Fig. 12) den
bereits durch die Fig. 9 veranschaulichten Koch- und Bratofen in
Verbindung mit einem Untersatz, dessen rechtsseitige Hälfte einen
zur Aufnahme von 2 Pfannen geeigneten, mittels eines festen Längs-
brenners erhitzten Bratraum enthalt, während der linksseitige, mit

einem beweglichen Brenner versehene Teil desselben als Speise-
und Tellerwärmer, welch letzterer Raum für etwa 65 Teller bietet,
eingerichtet ist.

Im Hinblick darauf, dafs wir bereits bei Vorführung der Oberteile dieser Herde die ziffermäfsigen Belege betreffs deren Leistungsfähigkeit beigebracht, welch letztere durch die Hinzufügung der

Fig. 12.

hier besprochenen Untersätze sich offenbar nur noch um ein Be-
deutendes erhöhen mufs, dürfte es wohl überflüssig sein, diesbezüglich weitere Daten folgen zu lassen. Dagegen wollen wir es bei
diesem Anlasse nicht versäumen, die vorzügliche Wirkungsweise
der in Rede stehenden Herdkonstruktionen durch den Hinweis auf
das Schreiben eines Mannes zu illustrieren, der vermöge seiner
reichen praktischen Erfahrungen zweifellos bestens berufen erscheint,
hierüber ein mafsgebendes Urteil abzugeben.

2*

Herr H. Hoppe, Ökonom des Konvikts der königlichen
Universität in Leipzig, einer Anstalt, worin seit Juni 1889 täglich
mittags und abends für rund 300 Personen ausschliefslich mit Gas
gekocht wird, äufserte sich nämlich über seine hierbei gemachten
Wahrnehmungen u. a. wie folgt: »Es werden in den 6 Braträumen
zusammen in der Regel täglich ca. 60 kg Fleisch in 2—2½ Stunden
zubereitet. Der Gasverbrauch hierfür beträgt ca. 5 cbm und

Fig 13.

die Kosten bei einem Gaspreis von 15 Pf. pro Kubikmeter 0,75 M.;
bei meiner früheren Feuerung zahlte ich für Kohlen und Holz
ca. 1 M. Die Braten werden schneller und schmackhafter bereitet,
als bei meiner früheren Kohlenfeuerung und gemauertem Bratofen.
Die Hitze durch Gas wirkt gleichmäfsig und ist leicht zu regulieren,
das Fleisch bleibt saftiger und lockerer, und habe ich wiederholt
gefunden, dafs infolge dieser guten Eigenschaften sich aus dem
Braten mehr Portionen herausschneiden lassen, als bei meiner

früheren Bratvorrichtung mit Kohlenfeuerung. Die Gasfeuerung hat überdies durch die Reinlichkeit und bequeme Behandlung so grofse Annehmlichkeiten, dafs durch diese allein die Einführung dieser Apparate schon zu empfehlen ist.«

Zur Vervollständigung unserer Gaskücheneinrichtung führen wir noch zwei Objekte hier vor, die sich durch die Zweckmäfsigkeit ihrer Konstruktion, sowie ihre tadellose Wirkungsweise gleich vorzüglich bewährt haben.

Das eine derselben (Fig. 13) stellt einen Wärmeschrank dar, der, zum Warmhalten von Tellern und Speisen, zum Trocknen der Tischwäsche u. dgl. bestimmt, sich vor ähnlichen Vorrichtungen sehr vorteilhaft dadurch auszeichnet, dafs hierbei die Verbrennungsprodukte mit den zu erwärmenden Gegenständen schlechterdings niemals in direkte Berührung kommen, sondern durch einen besondern Abzug ins Freie geleitet werden. Der Gasverbrauch beträgt während der ersten Viertelstunde (bis zur Durchwärmung der fraglichen Gegenstände) rund 100 l für je 100 Teller und Stunde, welcher Gasbedarf jedoch bei längerer Benutzung des Apparates durch Kleinstellung der betreffenden Brenner auf etwa ein Drittel reduziert werden kann.

Fig. 14.

Was aber den nebenstehend abgebildeten Kaffeeröster (Fig. 14) anlangt, so darf wohl sicher behauptet werden, dafs derselbe berufen erscheint, die dermalen noch mit Holz- oder Cokefeuer versehenen Objekte dieser Art binnen kurzem zu verdrängen: einesteils deshalb, weil die Benutzung dieser Vorrichtung nahezu gar keine Aufmerksamkeit erheischt, während hierbei andernteils infolge der äußerst gleichmäßigen Erwärmung derselben ein Produkt gewonnen wird, wie solches von auch nur annähernd gleich vorzüglicher Qualität bei keiner andern Feuerungsart jemals erhofft werden kann. Zudem stellt sich der Gasbedarf, je nach der Größe des Apparates, auf bloss 55—65 l für je ½ kg Kaffee, während anderseits die erforderliche Brenndauer auf nur 20—30 Minuten beschränkt bleibt.

Blicken wir nun auf das bisher Gesagte, ganz vornehmlich aber auf die ziffermäßigen Belege zurück, welche, insgesamt auf Grund gewissenhaft und wiederholt durchgeführter Ermittelungen gewonnen, wir bezüglich der Leistungsfähigkeit der besprochenen Vorrichtungen beigebracht, so dürfen wir wohl sicher behaupten, daß durch dieselben das alte Vorurteil von dem »teuren Gas« ganz offenkundig widerlegt erscheint.

Aus eben jenen Daten möchten wir indes noch eine weitere Folgerung ziehen, und zwar eine solche, die uns in sozialer Hinsicht noch ungleich beachtenswerter däucht: wir meinen darunter die beim Kochen mit Gas sich zweifellos ergebende, nachgerade enorme Zeitersparnis. Es zeigt sich nämlich, daß während bei Verwendung von festen Brennmaterialien zur Bereitung eines für eine bürgerliche Familie mittlerer Größe bestimmten Mittagmahls ein Zeitaufwand von mindestens zwei Stunden unbedingt gerechnet werden muß, man hierzu bei Benutzung von Leuchtgas im Maximum blos eine Stunde benötigt. Ganz das nämliche gilt aber selbstverständlich im ferneren auch von allen übrigen Mahlzeiten und den sonstigen Küchenverrichtungen aller Art, so daß die Behauptung gewiß durchaus gerechtfertigt ist, daß durch die Einführung der Gasfeuerung die Hausfrauen sicher mindestens die Hälfte jener Zeit ersparen würden, welche sie dermalen noch ausschließlich der Hauswirtschaft zu widmen bemüßigt sind. Mit dieser namhaften Zeitersparnis ließe sich dann bei einigem guten Willen wohl leicht ein zweifacher Vorteil verbinden, nämlich: erstens die Möglichkeit, bei der Besorgung der Hauswirtschaft, die heute noch schlechterdings unabweisbare, als solche nicht wenig kostspielige und zudem vielfach lästige Mitwirkung der Köchin, welche bekanntlich in ihren Ansprüchen von Tag zu Tag weniger bescheiden aufzutreten pflegt, überhaupt entbehrlich zu machen, und die Arbeit derselben auf die gröberen Verrichtungen allein zu beschränken; zweitens die

Möglichkeit, auf die Erziehung unserer weiblichen Jugend weit mehr, als dies leider heute im allgemeinen der Fall, bedacht zu sein, auf dafs dieselbe für ihren naturgemafsen Beruf heran-gebildet werde. Mögen immerhin mit sich und den nun einmal bestehenden gesellschaftlichen Einrichtungen ewig hadernde Welt-verbesserer die Frau am liebsten in das genial-kunterbunte Atelier oder doch mindestens in die mit Totenschädeln und Mikroskopen gezierte Studierstube bannen, so bleiben wir nach wie vor der be-scheidenen Ansicht, dafs allen mehr oder minder berechtigten Emancipations-Bestrebungen gegenüber das Mahnwort einer er-fahrenen Frau, der bekannten Schriftstellerin Mary Hooper, denn füglich doch der Beherzigung wert sei. Es lautet. »Es wäre in der That sehr zu wünschen, dafs die Gebräuche aus den Zeiten unserer Grofsmütter wieder in Aufnahme kamen, da die Frauen in der Bereitung von schmackhaften Gerichten mit einander wetteiferten. Denn die Zeichen der Zeit sind unverkennbar und lassen keinen Zweifel aufkommen darüber, dafs die Männer einer künftigen Generation sich noch mehr des Heiratens enthalten werden, als diejenigen der gegenwärtigen, — es sei denn, dafs die Frauen sich dazu entschliefsen, sich nützlicher zu machen.«

Dritter Abschnitt.

Das Plätten mit Gas.

Sämtliche mittels fester Brennmaterialien zu heizenden Plätten lassen sich bekanntlich in zwei Gruppen zusammenfassen, welch' letztere ihrerseits wieder sich von einander füglich bloss dadurch unterscheiden, dafs, wahrend in dem einen Falle die Plätte durch glüh-ende Kohlen, die einer besondern Feuerstelle entnommen werden, er-hitzt wird, ihr in dem andern die erforderliche Wärme durch einen massiven glühenden Eisenbolzen zugeführt werden mufs. In beiden Fällen ist demnach die Plättvorrichtung von der eigentlichen Feuer-stelle, dem Küchenherde, in gleicher Weise räumlich getrennt, so dafs diese beiden Arbeitsweisen zunächst mit dem gemeinsamen Übelstande behaftet erscheinen, dafs die — sei es infolge des

raschen Verbrauchs des jeweilig im Innern der Plätte aufgespeicherten
Kohlenvorrats, sei es infolge der schnellen Abkühlung des Bolzens —
in kurzen Intervallen zu bewirkende Erneuerung der allein in Betracht kommenden sekundären Wärmequelle eine zeitraubende und
überaus lästige Unterbrechung der Arbeit in sich schliefst. Überdies macht sich aber bei der ersten Heizungsart noch der höchst
nachteilige Umstand geltend, dafs die innerhalb der Plättvorrichtung
bei nicht genügender Luftzufuhr erfolgende Verbrennung der Kohle
mit einer starken Entwickelung von Kohlenoxydgas ganz unvermeidlich verbunden ist, durch dessen Einatmung, wie an anderer
Stelle bereits ausführlich dargelegt, heftige Kopfschmerzen, Übel-
keiten und andere krankhafte Erscheinungen verursacht werden.

Es lag deshalb wohl nahe, bei den in Rede stehenden Vorrichtungen die Holz- und Kohlenfeuerung durch die Gasfeuerung
zu ersetzen. Zahlreiche Konstruktionen, welche zu dem Ende hier
und da ersonnen und im Verlaufe der Jahre nach einander wieder
vielfach geändert wurden, gipfelten im wesentlichen zunächst darin,
die Plättfläche unmittelbar an der entleuchteten Gasflamme zu er-
hitzen; andere hingegen bestanden darin, das Gas mittels eines
genügend langen Gummischlauchs bis in den Hohlraum der Plätte
selbst hineinzuleiten, es darin erst aus einer Reihe kleiner Öffnungen
ausströmen und zur Verbrennung gelangen zu lassen. Im ersteren
Falle büfste aber das Plätteisen infolge der unmittelbaren Einwirkung
der Flamme seine Glätte rasch ein und bedeckte sich zudem mit
einer fest anhaftenden Rufsschicht, deren zeitraubende Beseitigung
viel Mühe erheischte; im andern Falle hemmte der mit der Plätte
hin und her gleitende Schlauch jede freie Bewegung und gab bei
·nicht genügender Aufmerksamkeit zu belästigenden und manchmal
gar gefährlichen Gasausströmungen leicht Anlafs. Im Hinblick darauf
konnte sich denn, trotz aller Übelstände der Bolzenplätten, die
Gasplätten lange schlechterdings nicht einbürgern, bis es endlich
— etwa vor fünf Jahren — Herrn Oberingenieur A. Buhe in
Dessau gelang, eine Vorrichtung zu schaffen, welche, die Kohlenfeuerung wirksam ersetzend und die Benutzung von Bolzen völlig
vermeidend, die Plätte mit der Feuerstelle in der denkbar einfachsten
und zweckmäfsigsten Weise vereinigt.

Diese Vorrichtung, die unter dem Namen »Dessauer Gasplätte«
sich in der bürgerlichen Haushaltung sowohl, wie nicht minder in
den verschiedensten gewerblichen Betrieben ungemein rasch Ein-

gang verschafft hat, ist der gewöhnlichen Plätte nachgebildet, aus
Gußeisen gefertigt — das starke Bodenteil derselben wird von Innen
durch einen Gasstrom geheizt — und besteht, wie aus der nebenstehenden Skizze (Fig. 15) ersichtlich, in der Hauptsache aus einem
entsprechend schweren, im Innern hohlen Gußeisenkörper, der
auf einem passend geformten Träger so schräg gelagert wird, daß
die aus dem darunter feststehenden Gasbrenner B tretende und
durch den Hohlraum H hindurchschlagende Flamme den massiven
und innen gerippten Boden D (die eigentliche Plättfläche) desselben
von innen heraus rasch erhitzt, während dessen Stiel E und Griff F
dem äußeren Luftzuge ausgesetzt sind und dadurch vollkommen
kalt bleiben.

Um nun zu verhindern, daß die solcherart in dem Boden D
jeweilig aufgespeicherte Wärmemenge durch Ausstrahlung wieder

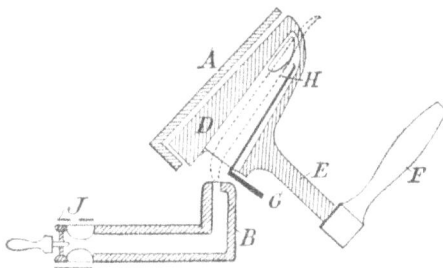

Fig 15.

verloren gehe, erscheinen zwei gleich sinnreiche Vorkehrungen getroffen, nämlich:

1. ein zweckdienlich dicker Schutzmantel A, der während der
   Zeit, welche die Plätte zu ihrer Erhitzung benötigt, den
   Boden derselben vollkommen umgibt und dadurch jede
   Wärmeausstrahlung hintanhält;

2. ein Fallblech G, welches, innerhalb des Hohlraumes H um
   einen Stift leicht beweglich, lediglich seiner eigenen Schwere
   folgend, nach auf- und abwärts gleitet, mithin während der
   Erhitzung der Plätte sich an den Oberteil derselben an-
   schmiegt und der Gasflamme freien Lauf läßt (das
   Blech soll den Oberteil vor unnützer Beheizung schützen),
   während der Benutzung der Plätte hingegen, bei wagrechter
   Stellung des Bodens A also, hinabfällt, dadurch den Hohlraum
   verschließt, und demnach die Abkühlung desselben verlangsamt.

Zu einer vollständigen Plättvorrichtung gehören somit:

1. zwei Platten nebst einem Untersatz,
2. ein Erhitzer.

Was zunächst die Platten betrifft, deren Gewicht zwischen
3½ und 6 bis 10 kg schwankt, so sind dieselben, wie in den neben-

Fig 16

stehenden Abbildungen veranschaulicht, teils mit flachem (Fig. 16),
teils mit rundem Oberteil (Fig. 17) ausgestattet. Man verwendet

Fig 17.

sie abwechselnd, derart nämlich, daſs, während mit der einen ge-
plattet wird, sich die andere im Erhitzer befindet. Beim ersten

Anheizen der einen Plätte lasse man dieselbe etwa 20 Minuten
lang im Erhitzer, stelle sie dann auf den Untersatz und lege nunmehr die zweite Plätte ein. Ist auch diese genügend erhitzt, was
dann der Fall ist, wenn sie, auf Papier oder trockenes Zeug gelegt,
dasselbe sengt, so findet die weitere Auswechslung von 8 zu 8
Minuten und in längeren Zeitintervallen statt, so daſs die Arbeit fortan
ungestört und flott weiterschreitet.

Einen einfachen Erhitzer stellt die Fig. 18 dar. Derselbe
ist mit einem Brenner versehen, der, je nach der Gröſse des

Fig. 18.

in der Leitung herrschenden Gasdruckes, 120 bis 150 l Gas in
der Stunde verbraucht. Bei einem Gaspreise von 10 Pf. pro Kubikmeter belaufen sich demnach die auf eine Arbeitsdauer von vollen
10 Stunden bezogenen täglichen Feuerungskosten auf bloſs 12—15 Pf.

Ganz die nämliche Anordnung besitzen auch jene Erhitzer
dieser Art, welche zur Aufnahme von zwei und drei Plätten bestimmt sind. Letztere werden parallel neben einander gelegt und
mittels einzeln absperrbarer Brenner erhitzt.

Zuweilen könnte wohl die schrage Lage, welche bei derartigen
Erhitzern die darin befindliche Plätte, ganz vornehmlich aber der

hierbei vorspringende Stiel derselben einnimmt, einigermaſsen störend
erscheinen, wozu noch der Umstand hinzutritt, daſs hierbei die Plätte
in der Regel mit b e i d e n Händen erfaſst werden muſs, um in die
Heizvorrichtung gelegt oder aus derselben herausgenommen werden
zu können. Diese beiden Unzukömmlichkeiten sind nun in gleich
befriedigender Weise durch die Konstruktion der nebenstehenden
U m l e g e - V o r r i c h t u n g (Fig. 19) beseitigt worden. Mittels derselben läſst sich nämlich, wie aus der Abbildung selbst ohne weiteres
klar, die in einem entsprechend geformten Träger ruhende Plätte
derart umkippen, daſs man dieselbe in ihrer gewöhnlichen (aufrechten)

Fig. 19.

Lage mit e i n e r Hand und ohne die geringste Anstrengung hinein-
legen und herausnehmen kann. Behufs noch gröſserer Erleichterung
dieser zwar an sich überaus leicht ausführbaren Manipulation ruht
aber hierbei die Plätte zudem auf einer kleinen Walze, welch letztere
nebenher den Zweck erfüllt, die blanke Plättfläche davor zu
schützen, daſs sie während ihrer Verschiebung auf der harten Unterlage allenfalls gewetzt oder rauh gemacht werde.

In allerjüngster Zeit hat die soeben besprochene Umlege-Vor-
richtung eine weitere, überaus praktische Verbesserung dahin erfahren, daſs es, wie dies aus der umstehenden Abbildung (Fig. 20)
wohl ohne weiteres zu entnehmen, ermöglicht wurde, den Erhitzer
a b w e c h s e l n d nach rechts und nach links zu wenden, so daſs

hierbei die Flamme einmal nach der einen, ein andermal nach der entgegengesetzten Richtung hin ausschlägt und dadurch die beiden Plätten nach einander zur Erhitzung gelangen. Gleichwie in dem früheren Falle sind demnach auch hier bloss z w e i Plätteisen erforderlich; während mit dem einen derselben geplättet wird, nimmt das zu erhitzende den jeweilig unteren Platz des Erhitzers ein; nach erfolgter Abkühlung wird hierauf jene Plätte, mit der man inzwischen gearbeitet hat, auf den oberen Platz gesetzt, durch einen

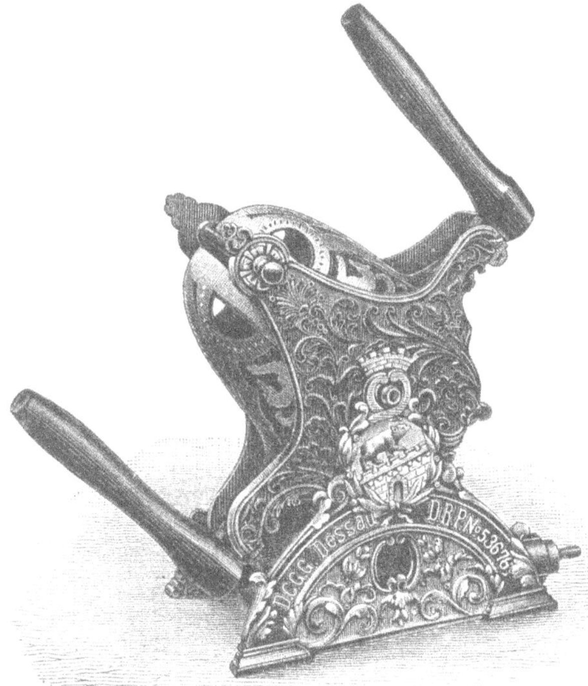

Fig. 20.

leisen Druck auf den Plättenstiel die Vorrichtung umgelegt, infolgedessen das bis dahin unten befindliche, inzwischen erhitzte Plätteisen nach oben zu liegen kommt und ohne weiteres abgenommen werden kann. Neben dem hieraus wohl von selbst einleuchtenden Vorteil bietet diese Anordnung noch die Möglichkeit, nach beendigter Arbeit b e i d e Plätten in dem Erhitzer selbst aufbewahren zu können.

In beiden zuletzt besprochenen Fällen beläuft sich der Gasverbrauch, je nach der Gröfse der hierbei verwendeten Plätten und

des Leitungsdruckes, auf 150 bis 180 l in der Stunde, so dafs
die Feuerungskosten für einen zehnstündigen Arbeitstag bloss
15 bis 18 Pf. betragen.

In Räumen, worin längere Zeit hindurch ohne Unterbrechung
geplättet werden soll, empfiehlt es sich, einerseits den Verbrennungs-
produkten einen möglichst raschen
Abzug zu schaffen, anderseits
der Raumluft durch geregelte
Zuführung von Wasserdampf den
nötigen Feuchtigkeitsgrad
zu erhalten. Zu dem Ende eignet
sich ganz vorzüglich die hier
abgebildete Plätt-Batterie
(Fig. 21). Dieselbe wird an der
dem Arbeitsplatze am nächsten
stehenden Wand in der zweckmäfsigsten Weise derart befestigt,
dafs die Sohlplatte etwa um
1¼ m vom Fufsboden absteht,
so dafs die schräg eingesetzten
Plätten in Brusthöhe mit beiden
Händen leicht gefafst werden
können. Derartige Batterien lassen
sich selbstverständlich für jede
beliebige Anzahl von Plätten
einrichten; wir möchten jedoch
davor warnen, diese Anzahl allzu-
grofs zu wählen, weil die dadurch erzielbare sehr geringe
Kostenersparnis keineswegs den
Vorteil aufzuwiegen vermag, welchen die andernfalls rasche Auswechslung der Plätten bietet.

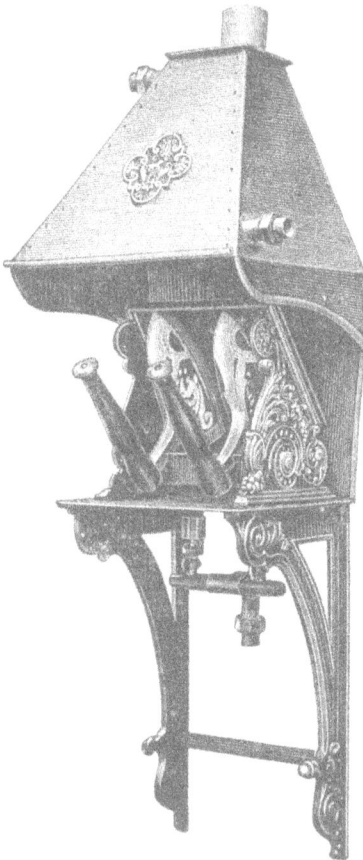

Fig. 21.

Zum Gebrauch in Schneider-, Konfektions- und ähnlichen Werk-
stätten, wie überhaupt dort, wo besonders schwere Eisen (etwa
8 bis 9½ kg) erforderlich sind, eignet sich bestens der umstehend
abgebildete doppelte Erhitzer mit Kippvorrichtung (Fig. 22).
Die hierbei mit Vorteil verwendbaren Wendeisen, wovon zu einem
Doppelerhitzer je 4 Stück gehören, werden auf den Erhitzer mit

ihrer gerippten Seitenwand derart gelegt, daſs die eigentliche Plättfläche niemals mit der Flamme in Berührung kommt, infolgedessen
derselbe stets glatt und rein bleibt. Hierbei wird denn auch der
Griff, der mit dem Eisen fest verbunden ist, in keiner Weise erhitzt,
so daſs es durchaus unnötig erscheint, die bekanntlich sonst unver-
meidlichen, die Kontinuität der Arbeit störenden abnehmbaren Griffe
anzuwenden. Das erstmalige Anheizen der 9 kg schweren Eisen
erfordert einen Zeitraum von etwa 20 Minuten; die fernere Auswechslung findet in Intervallen von 10 zu 10 Minuten statt, so daſs

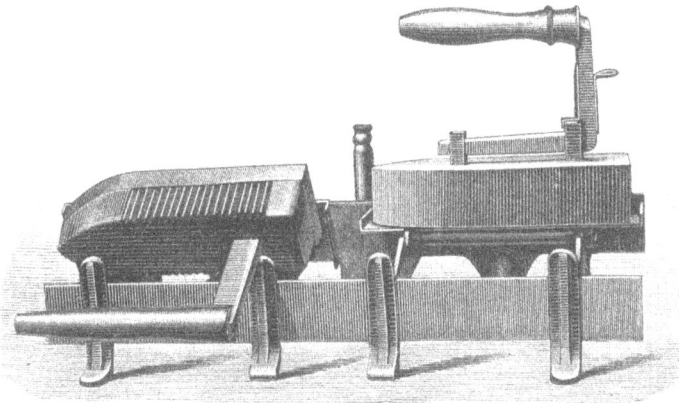

Fig 22.

fortan ununterbrochen weiter gearbeitet werden kann. Die bei
dieser Auswechslung vorzunehmenden Manipulationen sind in der
Abbildung veranschaulicht. Das rechtsseitige Eisen ist nämlich in
jener Lage dargestellt, in welcher dasselbe zunächst auf die beweg-
liche wagrechte Platte gesetzt wird, kippt man es hierauf ein wenig
an und läſst es gegen den betreffenden Ausschnitt gleiten, so ge-
langt dasselbe in die linksseitig abgebildete Lage, in welcher es
bis zu seiner vollständigen Erhitzung verbleibt. Behufs nunmehriger
Entnahme des Eisens aus dem Erhitzer kippt man dasselbe wieder
hinter den Ausschnitt und schiebt es neuerdings auf die wagrechte
Platte, von welcher es in aufrechter Stellung abgenommen werden
kann. Der Gasverbrauch eines solchen Erhitzers beträgt etwa
840 l pro Stunde.

Wir können es füglich wohl unterlassen, die gewiſs ganz offenkundigen Vorzüge besonders hervorzuheben, welche die vorstehend

beschriebenen Vorrichtungen nicht nur den mit festen Brennmaterialien zu heizenden Plätten, sondern auch den sonst im Handel
vorkommenden Gasplätten gegenüber bieten. Um jedoch wenigstens
an einem Beispiele zu zeigen, daſs dieselben nach jeder Richtung
hin den praktischen Anforderungen vollauf entsprechen, beschränken
wir uns darauf, bloss eine diesbezügliche kurze Stelle aus dem
offiziellen Berichte über die im Jahre 1889 in Dresden stattgehabte
Ausstellung von Gas- und Cokeverbrauchs-Gegenständen hier anzu-
führen. Sie lautet: »Eine ganz besondere Vorliebe wurde insbesondere von dem weiblichen Teile der Besucher den von Dessau
ausgestellten und häufig vorgeführten Plättvorrichtungen entgegen-
gebracht. Diese Vorrichtungen erfordern einen verhältnismäſsig
geringen Gasverbrauch. Sowohl infolge dieses Umstandes, als auch
infolge der allseits anerkannten Vorzüge derselben und auſserdem
infolge des niedrigen Bezugspreises dieser Plättvorrichtungen fanden
dieselben allseitige Anerkennung und Beachtung, was sich durch
regen Verkauf bethätigte.«

Vierter Abschnitt.

Das Heizen mit Gas.

Indem wir, unserer aus einer mehrjährigen Erfahrung geschöpften
Überzeugung folgend, diesen Abschnitt der vorliegenden Schrift
mit der Behauptung einleiten, daſs die allgemeine Einführung der
Gasheizung nur noch eine Frage der Zeit sein kann, so wissen wir
es wohl, daſs wir damit bei den meisten Gaskonsumenten, vielleicht
zudem selbst bei nicht wenigen Installations- und Bautechnikern
ein nicht leicht zu überwindendes Miſstrauen erregen werden. Auch
stehen wir keinen Augenblick an, letzteres im Rückblick auf die
bezüglich einer groſsen Reihe von Gasöfen gemachten eigenen
Wahrnehmungen in vielfacher Hinsicht als ein durchaus gerecht-
fertigtes zu bezeichnen. Neben derlei Objekten, deren Einrichtung
übrigens oft schon auf den ersten Blick als eine völlig zweckwidrige
erscheint, besitzen wir aber seit längerer Zeit auch eine nicht geringe Anzahl von Konstruktionen, die es in untrüglich nachweisbarer
Weise gestatten, die Heizkraft des Gases bis zu 80% und selbst

darüber hinaus auszunutzen, wogegen die auf der Verwendung von festen Brennmaterialien beruhenden Einzelheizungen (Öfen und Kamine) zumeist kaum die Hälfte der jeweilig erzeugten Wärme an den betreffenden Raum abzugeben vermögen. Wenn nun dessenungeachtet die Einführung der Gasheizung, insbesondere hierzulande, noch immer auf bedeutende Schwierigkeiten stößt, so dürfte die Ursache dieser Erscheinung einerseits in der Macht der Gewohnheit und in dem zähen Festhalten an das Althergebrachten, anderseits aber, und dies hauptsächlich, darin zu suchen sein, daß bei der Wahl und Aufstellung von Gasöfen überhaupt noch vielfach gerade jener Umstand völlig unbeachtet gelassen zu werden pflegt, welcher die unerläßlichste Grundbedingung für die rationelle Benutzung jedweder Heizvorrichtung bildet, nämlich: die richtige Anpassung des Ofens an den damit zu heizenden Raum.

Diese Richtigkeit der Anpassung hängt indes keineswegs, wie leider noch vielseitig angenommen zu werden pflegt, davon allein ab, daß man im Verhältnis zu der Größe des fraglichen Raumes einen mehr oder minder voluminösen Ofen wählt, sondern es müssen hierbei noch überdies vornehmlich zwei wichtige Forderungen in gleich zuverlässiger Weise erfüllt erscheinen, nämlich:

1. die vollkommene Abführung der Verbrennungsprodukte,
2. die ungehinderte Zuführung einer genügenden Menge reiner Außenluft.

Nach der ersteren Richtung hin bedarf es im Hinblick auf das an anderer Stelle bereits Gesagte gewiß keiner breiten Auseinandersetzung mehr, um darzuthun, daß die Belassung der Verbrennungsprodukte, welche dem Gasofen allerdings insgesamt in nicht sichtbarer Form entströmen, wogegen dieselben sonst den mit dem Auge wahrnehmbaren beigemengt entweichen, in dem zu heizenden Raum jederzeit eine arge Gefährdung der Gesundheit der darin Wohnenden in sich schließt. Daraus ergibt sich denn die unabweisbare Notwendigkeit, Verbrennungsprodukte überhaupt, ob sichtbar oder nicht, aus Wohnräumen unbedingt abführen zu müssen.

Was im ferneren die Notwendigkeit der Luftzuführung betrifft, so dürfen wir uns auch diesbezüglich nunmehr wohl darauf beschränken, lediglich an die Thatsache zu erinnern, daß zu jeder Verbrennung — gleichviel, ob hierbei ein fester, flüssiger oder gasförmiger Körper in Verwendung kommt — neben dem verbrennenden

Kohlenstoff noch eine gewisse Menge atmosphärischer Luft erforderlich ist. Letztere aber besteht bekanntlich, in Raumteilen
ausgedrückt, aus rund 79% Stickstoff und bloss 21% Sauerstoff. Da nun von diesen beiden Gasarten der Sauerstoff allein
an dem Verbrennungsprozesse teilnimmt, wogegen der Stickstoff
weder Wärme erzeugt, noch auch solche aufzunehmen vermag,
sich derselbe vielmehr einfach ausscheidet, so ist es gewiß ohne
weiteres klar, daß die besagten 100 Raumteile des zu heizenden
Zimmers eine Erhöhung der ihnen jeweilig innewohnenden Temperatur.
blos in so lange erfahren können, bis die darin enthaltenen 21 Raumteile an Sauerstoff völlig verbraucht werden. Ist einmal also dieser
Moment erreicht, so muß — wenn man sich das fragliche Zimmer
als nach allen Seiten hin hermetisch abgeschlossen vorstellt — die
Verbrennung überhaupt aufhören. Dächte man sich hingegen dieselbe dennoch fortgesetzt, so könnte offenbar, da kein heizbarer
Stoff mehr vorhanden, die hierbei erzeugte Wärme schlechterdings
in keiner Weise nutzbar gemacht werden. Es folgt hieraus, daß
die Größe der Heizwirkung jedes beliebigen Ofens in allererster
Linie von der Menge der ihm zugeführten reinen Luft abhängt,
daß mithin ein Wohnraum, welcher wirksam und rationell
geheizt werden soll, unter allen Umständen vorerst
bestens gelüftet sein muß.

Sind nun einmal die Bedingungen richtig erwogen und auch
thatsächlich getroffen, die es ermöglichen, den besagten beiden
Forderungen jederzeit volle Rechnung tragen zu können, so hat
man sich im weiteren des Zwecks klar bewußt zu sein, welchen
man jeweilig zu erreichen strebt. Zur Charakterisierung der grund-
sätzlichen Verschiedenheit dieses Zwecks wollen wir denn nachfolgend einige Fälle in Kürze besprechen, welche — von besonderen
Ausnahmen selbstverständlich absehend — wohl alle jene Aufgaben
in sich schließen dürften, die in der Praxis sich am häufigsten auf-
zuwerfen pflegen.

Wir haben es in dieser Beziehung zunächst mit Räumen zu
thun, welche — wie beispielsweise Magazine, Gänge u. dgl. —
zwar ihrer naturgemäßen Bestimmung nach bloss vorübergehend den
Menschen zum Aufenthalt dienen, die also unter diesem Gesichts-
punkte füglich mit jeder beliebigen Feuerung versehen sein könnten,
in welchen Räumen aber dennoch — sei es wegen der eminenten
Feuersgefahr, welcher die darin aufgespeicherten Vorräte ausgesetzt

sein würden, sei es wegen der durch örtliche Bauverhältnisse vorliegenden Unmöglichkeit der Herstellung eines Schornsteins, oder
aus ähnlichen anderen Gründen — die Verwendung von festen
Brennmaterialien von vornherein schlechterdings ausgeschlossen erscheint. In diesem Falle empfiehlt sich der nebenstehend (Fig. 23)
abgebildete, je nach seiner Größe für einen Raum von 50 bis 200 cbm
verwendbare Säulenofen. Derselbe ist ringsum und nach
oben hin vollkommen geschlossen, so daß die Verbrennungsprodukte gezwungen sind, nach abwärts zu
entweichen und ihre Wärme den untersten
Luftschichten des betreffenden Raumes mit-
zuteilen. Der in Rede stehende Ofen kann,
da er im Hinblick auf seine Bestimmung
weder mit der Gasleitung fest verbunden,
noch auch mit einem Abzugsrohre versehen
zu sein braucht, an jedem beliebigen Orte
aufgestellt und davon jederzeit ohne weiteres
wieder weggerückt werden. Das Anzünden
erfolgt hierbei in durchaus gefahrloser Weise
der fragliche Brenner läßt sich nämlich bloss
in der hier gezeichneten Lage — also außer-
halb des Ofens stehend, wo offenbar keine
Gasansammlung erfolgen kann — anzünden,
weil nur in diesem Falle der Gashahn geöffnet
zu werden vermag, wogegen derselbe von
einem löffelartigen Griffe gedeckt wird und
bleibt, sobald der Brenner wieder in den
Ofen hineingedreht wird, und insolange er
sich in demselben befindet.

Fig 23.

Was ferner jene Wohnräume anlangt, die
von vornherein mit Kachelöfen versehen wurden, deren nunmehrige
Beseitigung also leichtbegreiflicherweise einerseits mit allerlei Ein-
wänden seitens des betreffenden Hauseigentümers und mit vielfachen
Belästigungen der Miethpartei verbunden sein würde, während andererseits die davon unabhängige Aufstellung eines Gasofens den fraglichen, vielleicht ohnehin nicht gar großen Raum noch mehr ein-
engen müßte, so läßt sich in diesem Falle die Einführung der
Gasheizung mittels sogenannter Vorsatz-Kamine mit Vorteil
bewirken.

Dieselben sind, je nach der örtlich vorherrschenden Gepflogen-
heit, entweder mit einem kupfernen Reflektor (Fig. 24), oder aber

Fig. 24.

Fig. 25.

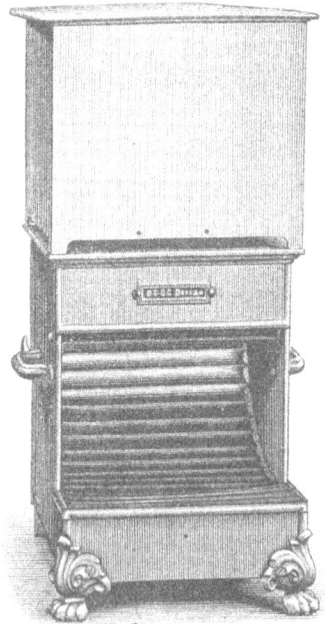

Fig. 26.

Fig. 27.

mit einem Asbest-Glühfeuer (Fig. 25) versehen. Im ersteren Falle
wird die Wärme, welche sonst bei den meisten Vorrichtungen dieser

Art gegen die Zimmerdecke aufsteigt, also unnütz verloren geht, dagegen die unteren Luftschichten kalt läfst, sehr zweckmäfsig gegen den Fufsboden geleitet, wo sie, dem bewährten Grundsatze der Gesundheitspflege: »die Füfse warm, den Kopf kühl« gemäfs, am wohlthuendsten wirkt. Im zweiten Falle erscheint hinwieder der

Fig. 28.

Gewohnheit derjenigen besser entsprochen, die, ohne sich des An- blickes der lustig lodernden Flamme zu erfreuen, das Gefühl des Wohlbehagens nicht zu empfinden vermögen. Hier wie dort ist der Gashahn mit einer Klappe verbunden, welche dazu bestimmt ist, den Abzug der Verbrennungsgase derart zu regeln, dafs diese letzteren nicht zu viel kalte Luft mitreifsen.

Jeder dieser Kamine läfst sich, wie vorstehend veranschaulicht,
(Fig. 26), mit dem betreffenden Kachelofen leicht verbinden, so
dafs dadurch, aufser der von dem Kamine selbst der Raumluft
direkt mitgeteilten, noch jene Wärmemenge nutzbar gemacht wird,
welche die durch die abziehenden Verbrennungsgase erhitzten Ofen-
wände ausstrahlen.

Dort hingegen, wo man — wie beispielsweise in Kinderstuben,
Baderäumen u. dgl. — es vorziehen sollte, die besagte Abhitze
anderweitig, etwa zum Wärmen von Wäsche, möglichst unmittelbar

Fig. 29.

auszunutzen, empfiehlt es sich, den Kamin, wie er in Fig. 27 dargestellt, mit einem entsprechenden Aufsatze auszustatten.

An allen jenen Orten endlich, wo man an keine der zuvor erwähnten einschränkenden Bedingungen gebunden ist, die Wahl der
fraglichen Heizvorrichtung vielmehr vornehmlich von ästhetischen
Momenten beeinflufst wird, kann sicher behauptet werden, dafs die
heutige Gastechnik nur um so mehr in der Lage ist, selbst den
weitest gehenden Anforderungen bestens zu genügen. Nicht also,
um den diesbezüglichen Nachweis zu liefern, der ja nach dem Ge-
sagten wohl durchaus nahe liegt, sondern lediglich zum Zwecke der

Veranschaulichung der in den nunmehr gedachten Fällen zu ge-
wärtigenden Bedürfnisse und Wünsche aller Art stellen wir noch
in den nebenstehenden Figuren (28—30) bloss einige von jenen
verschiedenen Konstruktionen dar, welche, seit geraumer Zeit und
in zahlreichen Exemplaren verwendet, sowohl hinsichtlich ihrer
raschen und zweckmäfsigen Wirkungsweise, wie nicht minder vom
Standpunkte der Ökonomie sich bereits gleich vorzüglich bewährt haben.

Fig. 30.

Allen diesen Konstruktionen liegt das gemeinsame, wissen-
schaftlich nunmehr unbestreitbar feststehende, wie auch praktisch
bestens erprobte Prinzip zu Grunde, wonach die rationelle Wirksamkeit jeder Einzelheizung in allererster Linie an die Bedingung ge-
knüpft erscheint, dafs hierbei neben der leitenden auch die
strahlende Wärme möglichst vollkommen ausgenutzt werde.

Nach der ersteren Richtung hin sind denn hier, in offenkundigem Gegensatze zu diesem und jenem Ofen ähnlicher Art, die Heizkanäle hinter dem Kamine nur so weit nach abwärts geführt, daſs dieselben s o f o r t nach dem Anzünden der Gasflammen in Wirksamkeit treten müssen. Infolge dieser Anordnung werden die Verbrennungsgase von allem Anfang an vollständig abgesaugt und demnach bezüglich der denselben innewohnenden Wärme völlig ausgenutzt, ohne daſs man zu dem Ende, wie sonst unvermeidlich, einer besonderen, hinsichtlich ihrer Wirkungsweise natur- und erfahrungsgemäſs jederzeit überaus unverläſslichen »Umgangsklappe« bedarf, dazu bestimmt, die besagten Verbrennungsgase bis zur erfolgten genügenden Erwärmung der Heizkanäle direkt in den Schornstein entweichen zu lassen, wodurch ganz offenkundig sehr bedeutende Wärmeverluste entstehen. Was aber anderseits die Ausnutzung der strahlenden Wärme betrifft, so stellt sich dieselbe bei den hier in Rede stehenden, ebenso wie bei den früher besprochenen Vorrichtungen aus dem Grunde als eine rationelle und zweckmäſsige dar, weil sie lediglich auf jene unteren Luftschichten des zu heizenden Raumes beschränkt bleibt, deren Erwärmung füglich allein angestrebt wird.

Fünfter Abschnitt.

Kosten der Gasfeuerung.

Obgleich auch die wenigen Daten, welche wir bei der vorstehenden Besprechung einzelner Apparate im Hinblick auf deren Leistungsfähigkeit angeführt, den Nachweis liefern dürften, daſs sich die bei Verwendung von Leuchtgas ergebenden Kosten ganz wesentlich niedriger stellen im Vergleich zu jenen der festen Brennmaterialien, es andrerseits der Rahmen dieser kurzen Abhandlung schlechterdings nicht gestattet, nach dieser Richtung hin ins Einzelne einzugehen, so wollen wir es dennoch versuchen, durch die Vorführung einiger Beispiele, die insgesamt der Praxis entnommen sind, die ökonomische Frage der Gasfeuerung wenigstens flüchtig zu streifen. Wie indes schon an andrer Stelle hervorgehoben, darf bei der Betrachtung der einschlägigen Verhältnisse die Thatsache nicht aufser acht gelassen werden, dafs mit der Benutzung fester Brennstoffe vielfache Ausgaben verbunden sind, die sich ziffermäfsig nicht feststellen lassen und deshalb nicht selten völlig ignoriert zu werden pflegen. So trägt, um doch eines Umstandes beispielsweise zu erwähnen, der von dem Küchenherde und den Zimmeröfen herrührende, in den Wohnräumen sich ansammelnde Rauch, selbst von der vielfach beklagten Belästigung abgesehen, gewifs in hohem Grade dazu bei, die betreffenden Einrichtungsstücke (vornehmlich die Vorhänge, die mit Stoff überzogenen Möbel, das Bettzeug, die Gemälde, die plastischen Objekte u. dgl.) vorzeitig unbrauchbar zu machen, wodurch periodische Ausgaben für Ausbesserungen und Neuanschaffungen erwachsen, welche bei Verwendung von Leuchtgas auf unvergleichlich längere Zeiträume sich erstrecken. Aber selbst unter Bedachtnahme auf die lediglich mit der Feuerung direkt verbundenen Auslagen bietet das Leuchtgas nicht unbedeutende ökonomische Vorteile den festen Brennmaterialien gegenüber, wie dies schon aus den nachstehenden Beispielen sicher entnommen werden kann.

Was zunächst die Kosten e i n z e l n e r V e r r i c h t u n g e n betrifft, welche im Haushalt regelmäfsig wiederzukehren pflegen, so stellen sich dieselben unter Zugrundelegung eines Gaspreises von 13 Pf. pro Kubikmeter, wie folgt:

1. Um Flüssigkeiten (Wasser, Milch, Suppe, Thee u. dgl.) in Mengen bis zu etwa 10 l mittels einfacher Kocher zum Sieden zu bringen, benötigt man erfahrungsgemäfs für jedes Liter der fraglichen Flüssigkeit 32 l, mithin 0,42 Pf. Gas.

2. Zur Bereitung von Mahlzeiten bei Benutzung von Herdplatten oder geschlossenen Herden sind während des Zeitraumes, wobei der Apparat in voller Thätigkeit (Hahnstellung: »Offen«) steht, rund 300 l Gas in der Stunde nötig, was eine Ausgabe von 3,9 Pf. bedeutet.

3. Ist aber das Aufkochen der Speisen einmal erreicht, so dreht man zum Zwecke des Garkochens derselben den Gashahn in die Stellung: »Klein«, von welchem Augenblicke an der Apparat im weiteren blofs etwa 100 l Gas stündlich verbraucht, infolgedessen die Kosten auf nur 1,3 Pf. herabsinken.

4. Die Höhe der Kosten für die Herstellung eines Vollbades ist, wie übrigens selbstverständlich, nicht nur von der verlangten Wassermenge, sondern auch von der jeweilig gegebenen und der

zu erreichenden Temperaturgrenze abhängig. Nimmt man jedoch im allgemeinen an, daſs ein solches Bad 150—180, also im Mittel 165 l Wasser erfordert, so beläuft sich in dem Falle, als die Anfangstemperatur des Wassers 12° C. beträgt, welche auf 35° C. erhöht werden soll, der Gasverbrauch auf 700 l, mithin die damit verbundene Ausgabe auf 9.1 Pf.

5. Je nach der Gröſse des Apparates verbraucht ein Plätteisen-Erhitzer 120—180, also durchschnittlich an 150 l oder 1,95 Pf. in der Stunde. Selbst dieser an und für sich sehr niedrige Gasbedarf kann aber zudem noch wesentlich herabgemindert werden, wenn man sich gleichzeitig zweier Platteisen in der Weise bedient, daſs, während das eine in Verwendung steht, das zweite erhitzt wird.

6. Die Gröſse der Heizwirkung der Gasöfen wird, wie übrigens die Leistungsfähigkeit jeder andern Vorrichtung dieser Art ja auch, in allererster Linie durch die jeweilig vorliegenden örtlichen Verhältnisse (Windrichtung. Anzahl und Schlieſsbarkeit der Thüren und Fenster, Beschaffenheit des Fuſsbodens und der Decke u. dgl.) beeinfluſst, so daſs bestimmt zutreffende Daten in dieser Beziehung nicht aufgestellt werden können. Als allgemeiner Anhaltspunkt möge indes der Erfahrungssatz dienen, daſs je 100 cbm Luftraum im Mittel etwa 500 l Gas in der Stunde benötigen, sich demnach die stündlichen Kosten der Zimmerheizung auf etwa 6,5 Pf. belaufen.

Einerseits zum Zwecke der Ermittelung jener Kosten, die sich bei der Bereitung ganzer Mahlzeiten ergeben, anderseits aber — und dies vorzugsweise — behufs Feststellung des Verhältnisses dieser Kosten bei Verwendung verschiedener Brennstoffe zu einer und der namlichen Arbeitsleistung, hat Verfasser sich die Mühe nicht verdrieſsen lassen, in seiner eigenen Haushaltung an verschiedenen Tagen mehrerer aufeinander gefolgten Wochen die einschlägigen Momente sorgfaltig zu erheben. Die nachfolgenden Daten stellen demnach die Durchschnittswerte von aus zahlreichen Beobachtungen gewonnenen Zahlen dar, wobei der Preis des Holzes mit 3 Pf., jener der Kohle mit 1,4 Pf. pro Kilogramm, endlich jener des Gases mit 15 Pf. per Kubikmeter angenommen wurde:

    a) Zum Morgenkaffee wurde je 1 l Wasser und Milch zum Sieden gebracht, hierauf 3 l Abwaschwasser erwärmt. Hierzu waren einmal 110 l Gas, ein andermal 0,6 kg Holz nebst

2,1 kg Kohle erforderlich. Die Feuerungskosten beliefen sich auf 1,65 bezw. auf 4,74 Pf.

b) Behufs Bereitung des Mittagmahls wurden 4 l Gemüse-suppe mit 1 kg Fleisch zum Sieden gebracht und 3 Stunden lang im Kochen erhalten; auch wurde 1 kg Fleisch gebraten; die Menge des erforderlichen Abwaschwassers betrug 5 l. Hierbei wurden 695 l Gas einer- und 1,4 kg nebst 8,5 kg Kohle anderseits verbraucht. Die Kosten der Gasfeuerung beliefen sich auf 10,43, jene der Holz- und Kohlenfeuerung auf 16,10 Pf.

c) Beim Nachmittagskaffee ergaben sich wieder die hinsichtlich der Bereitung des Morgenkaffees ermittelten Kostenverhältnisse.

d) Das Nachtmahl bestand aus 0,75 kg Würste und 0,50 kg Sauerkraut; zum Abwaschen des Geschirrs waren 3 l Warmwasser erforderlich. Hierzu wurden 350 l Gas und 0,9 kg Holz nebst 3,6 kg Kohle verwendet, infolgedessen sich die Feuerungskosten auf 5,25 bezw. auf 7,74 Pf. beliefen.

Die Gesamtkosten für die Bereitung aller im Laufe eines Tages benötigten Speisen beliefen sich demgemäſs bei Verwendung von Leuchtgas auf 18,98 Pf., bei Verwendung von Holz und Kohlen hingegen auf 33,32 Pf. Abgesehen von der ungleich gröſseren Bequemlichkeit und Reinlichkeit in seiner Benutzung, bietet also das Leuchtgas den festen Brennmaterialien gegenüber einer bürgerlichen Familie mittlerer Gröſse (im vorliegenden Falle bestand dieselbe aus 3 Erwachsenen und 3 Kindern im Alter von 8 — 12 Jahren) die Möglichkeit, bei der Speisebereitung allein einen Betrag von etwa 50 M. pro Jahr zu ersparen.

Die Richtigkeit dieser Folgerung erscheint denn auch durch die Erfahrungen vollauf bestätigt, welche man bisher im Wege der Betrachtung der jährlichen Gasrechnungen in allen Haushaltungen, gewerblichen Betrieben und gröſseren baulichen Anlagen gesammelt hat, die von der Kohlen- zur Gasfeuerung übergingen. Aus der sehr reichen Anzahl der uns nach dieser Richtung hin zur Verfügung stehenden Daten führen wir der Kürze halber bloss beispielsweise die nachfolgenden an, wobei insgesamt der Gaspreis mit 13 Pf. angenommen ist:

1. Die Inhaberin eines Tapisseriegeschäftes bedient sich eines Koch- und Bratofens. Derselbe weist im Jahre einen Gasverbrauch

von 550 cbm auf, so dafs die bezüglichen Jahreskosten 71,5 M. betragen.

2. Die Küche eines Staatsbeamten ist mit 1 Kochherd und 1 Siebenloch-Herdplatte versehen. Der jährliche Gasverbrauch beläuft sich auf 850 cbm, was eine Jahresausgabe von 110,0 M. bedeutet.

3. Die jährliche Gasrechnung eines Lehrers, in dessen Haushaltung die Hauptmahlzeiten unter Zuhilfnahme eines Koch- und Bratofens bereitet werden, macht bei einem Gasverbrauch von 350 cbm 45,5 M. aus.

4. Neben einem solchen Ofen befindet sich in der Küche eines Hoflieferanten noch eine Leuchtflamme: der Gasverbrauch beträgt 800 cbm pro Jahr und die Gasrechnung 104,0 M.

5. Ein zweiter Hoflieferant besitzt die nämliche Kücheneinrichtung, aber 2 Leuchtflammen: er verbraucht 1500 cbm, mithin um 195,0 M. im Jahre.

6. In der Wohnung eines Kaufmanns sind 1 Koch- und Bratofen, ferner 1 Heizkamin und 1 Leuchtflamme in regelmäfsiger Verwendung: alle diese Vorrichtungen verbrauchen im Jahr 950 cbm Gas, was einer Ausgabe von 123,0 M. entspricht.

7. Für die Benutzung eines Koch- und Bratofens, eines Handkochers und einer Plättvorichtung bezahlt ein Privatbeamter 143,0 M, an Feuerungskosten pro Jahr; die besagten Apparate weisen also einen Gesamtverbrauch von nur 1100 cbm Gas pro Jahr auf.

8. Eine Plättanstalt mit 8 Erhitzern, 1 Kochherd, 1 Zweilochkochern und 1 Leuchtflamme verbraucht 5800 cbm, also um 754,0 M. Gas im Jahr.

9. Die Feuerungskosten einer zweiten Plättanstalt, deren Einrichtung aus 4 Erhitzern, 1 Kocher und 1 Leuchtflamme besteht, betragen bei einem Gasverbrauch von 1500 cbm bloss 195,0 M. jährlich.

10. Von mit Gas geheizten Kirchen liegen uns 6 Gasrechnungen vor. Der geringste Gasverbrauch beziffert sich hierbei im Jahre mit 294, der gröfste mit 2200 cbm; der gesamte Gasverbrauch aller dieser Kirchen beträgt 3094 cbm, also rund 516 cbm pro Kirche und Jahr. Unter Beibehaltung des obigen Einheitspreises würden sonach die jährlichen Kosten für die Beheizung einer Kirche mittlerer Gröfse in runder Zahl nicht mehr als etwa 70 M. betragen.

Schon aus diesen wenigen Beispielen, denen wir indes noch sehr viele beifügen könnten, darf denn wohl sicher entnommen werden, daſs die bisherige Annahme, derzufolge die Annehmlichkeit der Verwendung des Leuchtgases als Wärmequelle mit finanziellen Opfern erkauft werden müsse, auf einem, wenngleich sehr verbreiteten, dessenungeachtet nicht minder offenkundigen Irrtume beruht. Ja, wir stehen keinen Augenblick an, rundweg zu behaupten: D a s L e u c h t g a s m u ſs d e r B r e n n s t o f f d e r A r m e n w e r d e n!

Gerade im Hinblick auf die ärmeren Bevölkerungsschichten, auf die arbeitenden Klassen zumal, zeigt man sich nämlich in der jüngsten Zeit allenthalben bestrebt, die Notwendigkeit der Errichtung von Koch- und Haushaltungsschulen hervorzuheben. Den Vertretern dieser menschenfreundlichen Absicht schwebt hierbei offenbar der schöne Ausspruch des deutschen Dichterheros vor, welcher in dem Weibe die nimmer ruhende Hausfrau erblickt, die mit fleiſsigen Händen und ordnendem Sinn die durch den Arbeitsfleiſs des Mannes gezeitigten Früchte sammelt und mehrt. Wie aber — so möchten wir fragen —, wenn eben dieser Frau zudem beschieden ward, die »liebevolle Mutter der Kinder« zu sein? Läſst da wohl die übliche Art unserer Küchenfeuerung eine solche Vereinigung jener zweifachen Pflichterfüllung leicht zu?

Noch lange, ehe die ersten Morgenstrahlen unser Heim beschienen, hat schon die rührige Hausfrau ihre Arbeit begonnen. Nicht ohne Mühe — das groſse Küchenmesser sagt es in seiner allgemein verständlichen Schartensprache nur allzu deutlich — ging die Herstellung der erforderlichen Menge von Spänen vor sich. Eiligst wurden etliche Papierstreifen zusammengerafft und angezündet, aber die darauf gelegte Holzschicht erstickte jählings die kaum geborne Flamme. Der zweite, der dritte Versuch will nicht besser gelingen: da werden denn, ohne Bedachtnahme auf die damit verbundene Gefahr einer unheilvollen plötzlichen Entzündung, die widerspenstigen Stoffe mit Petroleum oder Spiritus, was eben der wachsenden Ungeduld sich bietet, begossen . . . und nun lodert aus dem reichlich beschickten Herde die helle Flamme lustig empor. Die in hastiger Folge nachgelegten Holz- und Kohlenstücke senken sie zwar nicht wenig wieder herab, den Küchenraum mit lästigen und gesundheitsschädlichen Rauchwolken erfüllend: endlich aber siedet dennoch das Wasser; es siedet, nachdem inzwischen neuerlich nachgelegte Holzstücke das schier ausgehende Feuer entfacht, die Milch. Der Kaffee wird aufgetragen, er ist auch längst schon eingenommen, aber noch immer brennt es im Herde munter fort, denn das zum

Abwaschen des Geschirres nötige Wasser muſs inzwischen warm ge-
halten werden.

Kleinere Verrichtungen verbinden hierauf diese erstmalige Benutzung des Küchenherdes mit der Bereitung der eigentlichen Mahlzeit derart, daſs inzwischen an eine thatsächliche Unterbrechung
des Hausfeuers gar nicht gedacht werden kann — den einzigen
Fall etwa ausgenommen, daſs der Schornsteinfeger, der bereits
wiederholt unverrichteter Dinge von dannen gezogen, darauf be-
harrt, seines ruſsigen Amtes endlich zu walten.

So rückt denn der Zeitpunkt heran, wo an die Bereitung des
Mittagmahls geschritten werden muſs. Der in der Küche auf-
gestapelte Handvorrat an Holz und Kohlen ist inzwischen verbraucht
und muſs durch einen Gang in den Keller oder zum Händler neu
ersetzt werden; auch dieser Vorrat wandert nunmehr in rasch sich fol-
genden, ungemessenen Füllungen auf den Herdrost. Neben den zwei
gröſseren, Fleisch und Gemüse enthaltenden Töpfen, worin es nach
geraumer Weile doch endlich siedet und wallt, geraten bald darauf
auch die Bratröhre und die kleineren Geschirre in helle Glut, so
daſs die gesamte Fläche, ganz vornehmlich aber die obere Platte
des Herdes eine nahezu versengende Hitze ausstrahlt. Wie dort
der überschäumenden Flüssigkeit rechtzeitig Einhalt thun, wie hier
das Schmoren des Fleisches verhindern? Die Kochgeschirre werden
von den Feueröffnungen möglichst weit weggerückt, und die Pfannen
aus dem Bratraume herausgezogen; ist es doch rätlicher, die einmal unaufhaltsam im Brande fortschreitende Kohle nutzlos zu opfern
und selbst die durch die Herdöffnungen aufwirbelnden Rauchsäulen
mit in den Kauf zu nehmen, als die Küche mit schier undurch-
dringlichen Wasserdampfwolken zu erfüllen, den Speisen einen wider-
lichen Rauchbeigeschmack zu verleihen, oder dieselben gar an den
Topfböden anbrennen zu lassen! Inzwischen ist freilich die Mäch-
tigkeit des Feuers sehr unter das geforderte Maaſs gesunken: es
muſs also abermals geschürt werden. Ach, wenn das nur immer
so sicher zu treffen wäre! Ein selbst bloss geringes Übermaſs an
Brennmaterial, und das zeitraubende Wegrücken der Kochtöpfe, das
störende Öffnen der Bratröhren muſs von neuem beginnen, dem
allsogleich wieder das abermalige Nachlegen von Holz und Kohlen
nachfolgt.

Während der Mahlzeit und unmittelbar nach derselben ist an
eine Unterbrechung der Feuerung selbstverständlich wieder nicht

gut zu denken, denn, ganz abgesehen von der Notwendigkeit, die
Speisen warm erhalten zu müssen, erheischt ja auch die Erhitzung
des freilich erst nach ungefähr einer vollen Stunde benötigten Abwaschwassers einen sehr bedeutenden Vorrat an Wärme.

Ob es nun im weiteren irgendwie sparsamer sei, das Feuer völlig
ausgehen oder dasselbe bis zur Bereitung des Nachmittagskaffees
ruhig fortbrennen zu lassen, dürfte im allgemeinen wohl nicht leicht
zu entscheiden sein; sicher ist hingegen, daſs zumeist die dort allenfalls erzielbaren Ersparungen durch die Verluste reichlich aufgewogen
erscheinen, welche die neuerliche, mühsame und zeitraubende Ent-
fachung des Brandes notwendig nach sich zieht. Eben das Nämliche gilt endlich auch rücksichtlich des Zeitraums, welcher uns
bis zum Nachtmahl erübrigt, bei dessen Herstellung die Küche im
groſsen Ganzen wieder das Bild jener kostspieligen und lästigen
Wirtschaft bietet, die wir vorhin in Kürze geschildert.

Vom frühen Morgen bis tief in den Abend hinein hat demnach die vorsorgliche Hausfrau in der Küche reichlich zu thun und
zu schaffen, zu überwachen und zu ordnen. Und dennoch — wie
leicht ist all' diese ihre geistige und physische Arbeit dahin! Nicht
etwa deshalb fürwahr, weil sie hierbei nach dieser oder jener Richtung hin gegen die Vorschriften der Kochkunst gesündigt. Denn,
wie lange die verschiedenen Nahrungsmittel der Einwirkung des
kochenden Wassers oder jener der Wärme ausgesetzt bleiben sollen,
um eine leicht verdauliche und möglichst nahrhafte Speise zu liefern; welche Beimengungen an Salz und Gewürzen dieselben erfahren müssen, damit sie unsern Gaumen vollauf befriedigen und
dem Verdauungsprozesse entsprechen; wie durch die Wechselwirkung
der einzelnen Erzeugnisse der Küche auf einander der Sparsinn am
besten gepflegt und die Gesundheit am sichersten gefördert zu
werden vermag — dies alles läſst sich in einer richtig geleiteten
Kochschule ohne sonderliche Mühe bald erlernen. Wozu aber die
bündigsten Regeln der Kochkunst, wenn, wie hier in der That, die
völlig unkontrollierbare Wirkungsweise unserer dermaligen Heizvor-
richtungen uns von vornherein der Möglichkeit beraubt, die vor-
handene Kraft mit der beabsichtigten Leistung in zweckdienlichen
Einklang zu bringen? Vermöchten wir Männer etwa unter Zuhilfenahme selbst der besten Dampfmaschine die uns jeweilig gestellte
Aufgabe zu lösen, wenn uns ein zweckwidrig gebauter und ebenso
bedienter Kessel die nötige Dampfkraft versagte?

Nachgerade unbillig und scharf an die Grenze des Unmöglichen streifend ist es aber, von der Hausfrau verlangen zu wollen, daſs sie neben der häuslichen Wirtschaft auch die Erziehung der Kinder besorge. Angesichts der Knappheit der Mittel und des häufig eintretenden Verdienstentganges muſs die sparsame Hausfrau leider zumeist vor die vorsorgliche Mutter sich stellen, tritt die Kinderstube ganz unerbittlich weit hinter die Küche zurück.

Wie dem abzuhelfen, haben wir vorstehend in groſsen Zügen darzulegen getrachtet, hierbei von dem Bewuſstsein geleitet, daſs einer der wichtigsten unter den vielen Faktoren, auf denen die Förderung der öffentlichen Wohlfahrt ebenso wie die Sicherung des sozialen Friedens beruht, darin gipfelt, die Bedingung zu schaffen für eine allgemeine Einführung des Leuchtgases als Wärmequelle im Haushalt.

Sechster Abschnitt.

˙Vergleichende Schlussfolgerungen.

Die Hauswirtschaft der Jetztzeit.	Die Hauswirtschaft der Zukunft.
A. Beschaffung des Brennmaterials.	

a) Mühewaltung und Zeitaufwand.

Besichtigung und Auswahl der Materialien an den zumeist sehr entfernten, örtlich von einander getrennten Verkaufsplätzen; nur während gewisser, u. z. der wertvollsten Tagesstunden.

Entfällt, weil das Gas zu jeder Stunde des Tages und der Nacht an seinem Verwendungsorte selbst vorrätig ist.

Lästige Unterhandlungen bezüglich des je nach der Marktlage, Jahreszeit, Kaufmenge und Qualität des Materials wechselnden Höhe des Preises.

Entfallen, weil der Preis und die Qualität des Gases auf Jahre hinaus vertragsmäſsig unabänderlich festgestellt sind.

Vereinbarung betreffs der Art der Zustellung und Zerkleinerung des Materials.

Entfällt, weil das Gas in durchaus fertigem Zustande zur Verfügung steht.

Beaufsichtigung des Materials während seiner Zerkleinerung und Einkellerung.

Entfällt, weil der Konsument bloss die wirklich verbrauchte Gasmenge zu bezahlen hat.

Sicherung des im Keller aufgespeicherten Vorrats gegen Feuersgefahr.

Entfällt, weil das Gas innerhalb der Leitung selbst nicht entzündet werden kann.

Sicherung eben dieses Vorrats gegen Diebstahl.

Entfällt, weil das Gas unauffällig nicht transportiert werden kann.

Tägliche Begehung des Kellers behufs Entnahme des Handvorrates; abermalige Zerkleinerung dieses letzteren und Beförderung desselben bis zur Verwendungsstelle.

Entfallen, weil das Gas stets in beliebiger Menge vorrätig ist.

b) Verkehrsstörungen und Gefährdungen.

Gefährdung der Arbeiter auf den Holz- und Kohlenplätzen beim Aufladen der Materialien; Störungen des öffentlichen Verkehrs beim Verfahren der Ladung auf steil ansteigenden Strafsen und an den Strafsenbiegungen; Gefährdung des Verkehrs in der Nähe der offenen Kellerfenster; Gefährdung der Wohngebäude durch Feuer.

Entfallen insgesamt, weil die Verbindung der Arbeitsstätte mit dem unerschöpflichen Gasvorrate auf dem Gaswerke lediglich durch die Drehung eines kleinen Hahnes bewirkt und wieder abgestellt wird, welcher an der jeweilig in Betracht kommenden Heizvorrichtung selbst, oder aber unmittelbar vor derselben angebracht ist.

c) Verlust an Brennmaterial.

Abfallen von Holzsplittern und Kohlenstückchen während des Aufladens und Transportes, infolge der Zerkleinerung und Einkellerung des Materials; unvermeidlicher Rückstand an unverwertbaren Holzabfällen und Kohlenteilchen am Orte der Zerkleinerung und im Keller.

Entfallen insgesamt, weil jeder noch so geringe Teil der aus der Leitung ausfliefsenden Gasmenge sofort zur Entzündung gebracht und vollständig verbrannt werden kann.

Mehrmonatlicher Zinsenentgang rücksichtlich des in dem aufgespeicherten Materialienvorrat investierten Kapitals.

Entfällt, weil der Geldwert der jeweilig verbrauchten Gasmenge erst nachträglich erhoben wird.

Wiederholte konventionelle Entlohnungen (Trinkgelder) für die Zerkleinerung und Einkellerung des Materials.

Entfallen, weil der Gaspreis sich ausschliefslich auf das fertige Produkt bezieht.

Kosten der auf den Keller entfallenden Miete und Feuerversicherungsprämie.

Entfallen, weil kein Keller nötig.

B. Verwendung des Brennstoffs.

Raumverschwendung bei Aufstellung der zumeist sehr voluminösen Herde.

Entfällt, weil der an sich kleine Gasherd auf jede beliebige Unterlage gestellt werden kann.

Mühsames und zeitraubendes, bei Zuhilfenahme von flüssigen und leicht explodierbaren Brennstoffen zudem überaus gefährliches Anmachen des Feuers, gleichgültig, ob letzteres zu einer sehr grofsen, oder völlig geringfügigen Verrichtung benötigt wird.

Entfällt, weil sich das Gas an wenigen, ganz ebensó wie an schier unzählig vielen Ausströmungen unter Benutzung eines einzigen Zündhölzchens gleich sicher entzünden läfst.

Wegen der ausstrahlenden Wärme belästigendes, wegen der hierbei entweichenden Rauchgase aber überdies gesundheitsschädliches und häufiges Schüren des Feuers, womit gleichzeitig infolge des wiederholten Öffnens der Herdtüre, des oftmaligen Nachlegens von frischem Brennmaterial und des Eindringens kalter Luft sehr bedeutende Wärmeverluste verbunden sind.

Entfällt, weil das Gas im Augenblicke der Entzündung selbst seine volle Wirkung äufsert und die Gröfse dieser letzteren einfach durch eine entsprechende Drehung des betreffenden Hahnes erhöht oder verringert werden kann.

Beständiges Wegrücken der Kochgefäfse von der Feueröffnung und neuerliches Centrieren derselben behufs Verhinderung des Überfliefsens siedender Flüssigkeiten und des Anbrennens dickrer Speisen.

Entfallen, weil die Intensität jedes einzelnen, für sich absperrbaren Flammenringes dem jeweiligen Wärmebedarfe entsprechend augenblicklich geregelt werden kann.

Überaus schwierige und umständliche Bereitung von zeitweilig, wie etwa anläfslich von Besuchen und Festlichkeiten, notwendig werdenden gröfseren Mahlzeiten.

Entfällt, weil dem bestehenden Herde eine beliebige Anzahl von Gaskochern, wovon jeder einzelne ein für sich durchaus abgeschlossenes Ganzes bildet, leicht hinzugefügt werden kann.

Umständliche, zeitraubende und kostspielige Erhaltung eines mächtigen Feuers in dem sonst völlig unbenutzten Küchenherde beim Plätten; häufiges, infolgedessen die Arbeit lästig unterbrechendes Auswechseln der Plättbolzen.

Entfällt, weil das Plätteisen an der in unmittelbarer Nähe der Arbeitsstelle ohne Wartung ruhig und gleich wirksam fortbrennenden Gasflamme direkt erhitzt wird, und, ohne die Arbeitsstelle zu verlassen, ausgewechselt werden kann.

Widerlicher Beigeschmack der Speisen infolge häufigen Eindringens von Rauch; Unbenutzbarkeit einzelner Wohnräume im Winter infolge der Unmöglichkeit der Herstellung eines Schornsteins behufs Abführung des Ofenrauchs; Beschmutzung der Vorhänge; vorzeitige Zerstörung der Möbelstoffe, Gemälde und Goldrahmen; Affizierung der Atmungsorgane infolge der dem eigenen Ofen und Herde, sowie jenen der Nachbarhäuser tagsüber bis spät in die Nacht hinein unablässig entströmenden Rauchwolken.

Entfallen insgesamt, weil das Gas bei seiner Verbrennung keinen Rauch entwickelt.

4*

Unbestimmbarkeit der zu einer gegebenen Arbeitsverrichtung nötigen Brennstoffmenge, da letztere von Umständen beeinfluſst zu werden pflegt, die sich jedweder Voraussicht völlig entziehen.

Unentbehrlichkeit der Magd beim Kochen und Plätten, sowie beim Heizen der Wohnräume im Hinblick auf die übermäſsige Langwierigkeit aller dieser Arbeiten und die damit verbundenen, vorstehend erwähnten Beschwerlichkeiten aller Art, infolgedessen die wirtschaftliche Hausfrau ihren sonstigen Obliegenheiten, ganz insbesondere der Pflege und Erziehung der Kinder nicht jene Sorgfalt zu widmen vermag, welche im Interesse der Familie und der Gesellschaft mit allen Mitteln angestrebt werden müſste.

Entfällt, weil hinsichtlich jeder Arbeitsleistung die erforderliche Gasmenge von vornherein durchaus bekannt ist, und nachträglich mittels einfacher Ablesung am Gasmesser kontrolliert werden kann.

Entfällt, weil bei Benutzung des Gasfeuers jede einzelne von den gedachten Verrichtungen infolge der vollen Ausnutzung der Wärme bloss etwa die Hälfte der sonst nötigen Zeit erfordert, hierbei aber zudem vermöge der reinlichen und sicheren Regulierbarkeit des Feuers jedwede Belästigung verhindert erscheint, dadurch die Lust zur Bereitung von schmackhaften Speisen geweckt und gefördert wird, während gleichzeitig die Wirksamkeit der Hausfrau sowohl der Wirtschaft, wie auch der Familie erhalten bleibt.